TABELLEN

ZUR

CHEMISCHEN ANALYSE

HERAUSGEGEBEN

VON

OTTO WALLACH,

PROF. AN D. UNIVERSITÄT BONN.

ZWEITER THEIL:

METHODEN ZUR AUFFINDUNG UND TRENNUNG DER ELEMENTE.

ZWEITE AUFLAGE VON „HÜLFSTABELLEN FÜR DEN CHEMISCH-ANALYTISCHEN UNTERRICHT“.

BONN,

EDUARD WEBER'S VERLAG

(JULIUS FLITTNER).

1880.

Vorwort.

Der zweite Theil vorliegender Tabellen ist im Lauf der Jahre entstanden, während welcher ich mit der Leitung des analytischen Unterrichts im hiesigen chemischen Institut betraut war. Bei Fertigstellung der ersten Auflage[1]) zum Druck habe ich mich der werthvollen Mitwirkung der Herren Assistenten DrDr. Bernthsen, Klinger, Wachendorff zu erfreuen gehabt, welchen ich dafür besonderen Dank schulde. Nicht minder bin ich Herrn Geh. Reg.-Rath Kekulé für seine rathende Beihülfe verpflichtet.

Ihrem Wesen nach sollen diese Tabellen dem Lernenden nicht ein mechanisches Schema für die Ausführung der Analysen, sondern vielmehr eine Anleitung zum Verständniss der analytischen Methoden an die Hand geben. Desshalb wurde in erster Linie darauf gesehen, dass die Tabellen nicht zum gedankenlosen Arbeiten verleiten, sondern im Gegentheil, schon den ersten Anfänger dazu anregen, sich der Gründe bewusst zu werden, welche dazu veranlassen, eine bestimmte analytische Methode einzuschlagen. Eben desshalb ist auch Bedacht darauf genommen worden, für die verschiedenen analytischen Trennungen möglichst Parallelmethoden aufzuführen.

Die auf die letzten Punkte verwandte Aufmerksamkeit (vergl. z. B. Tabelle I und X) unterscheidet diese Tabellen von schon bekannten und wird vielleicht genügend sein, die Vorurtheile zu benehmen, welche einer tabellarischen Anordnung des Unterrichtsstoffs sonst wohl mit Recht würden entgegengebracht werden.

Der dem zweiten jetzt neu beigegebene erste Theil bezweckt eine möglichst gedrängte Uebersicht über die wichtigsten Eigenschaften der Elemente und das Verhalten ihrer Verbindungen zu verschaffen und ist bei seiner Fertigstellung die Tabellenform vielfach gewählt worden, um Aehnlichkeiten und Verschiedenheiten analytisch sich nah stehender Körper auf den ersten Blick hervortreten zu lassen, ein Vortheil, der in Textbüchern nicht leicht erreicht werden kann.

Bonn, im März 1880.

O. Wallach.

1) Erschien unter dem Titel: *„Hülfstabellen für den chemisch-analytischen Unterricht“*.

Inhaltsverzeichniss.

Vorbemerkungen.

Die *qualitative Analyse* hat die Aufgabe festzustellen, *welche Elemente eine gegebene Substanz enthält* und ferner, *in welcher Form die nachgewiesenen Elemente vorhanden sind*, d. h. sie hat Antwort auf die Frage zu geben: **was ein vorliegender Körper ist.** Dieser Zweck kann erreicht werden, indem man von einer Substanz nach einander feststellt: 1) ihre *physikalischen Eigenschaften*, 2) ihr *Verhalten gegen Reagentien*, welche letztere a) entweder *trocken* auf die trockne Substanz (*Analyse auf trocknem Wege*) oder b) in *Lösung* (*Analyse auf nassem Wege*) in Anwendung kommen.

Die Beachtung der physikalischen Eigenschaften (metallisches oder nicht-metallisches Aussehen, Verhalten bei erhöhter Temperatur, Feuerbeständigkeit, Zersetzlichkeit, Flüchtigkeit) ebenso wie die eigentlichen Reactionen auf trocknem Wege (Flammenfärbung, Verhalten vor dem Löthrohr gegen Phosphorsalz, Borax, Soda und Cyankalium u. s. f. cf. Tab. II u. III) und andere sog. *„Vorprüfungen“* [1]) (cf. namentlich Tab. IV), sind ***nie nebensächlich***, sondern geben oft werthvollen, ja *entscheidenden **Anhalt*** über die *Natur* der zu untersuchenden Substanz und sind desshalb sorgsam auszuführen.

Nach ihnen folgt die systematische Behandlung der *gelösten Substanz* nach Tab. VI—XVI. Liegt eine **Flüssigkeit** zur Untersuchung vor, so wird ein Theil derselben bei einer den Siedepunkt des Wassers nicht übersteigenden Temperatur zur Trockne gedampft, mit dem Trocken-Rückstand die „Vorprüfung“ vorgenommen, die Flüssigkeit selbst auf ihre (saure, alkalische oder neutrale) *Reaction* mit Lacmuspapier geprüft und dann der Analyse nach Tab. VI—XVI unterworfen. (Die Anwesenheit organischer Verbindungen ist hinderlich. cf. Tab. V.)

in Säuren schwer lösliche Körper von saurem Character (z. B. As_2O_3; SnO_2; SiO_2 . . .) und manche Salze (z. B. SO_4Pb, CrO_4Pb).

6) Die in den Lösungsmitteln 1—4 unlöslichen Körper macht man zur Analyse auf nassem Wege nach Tab. V löslich.

Hat man es mit einem ***Gemenge*** zu thun, so ist es nur möglich, die einzelnen Bestandtheile eines solchen zu ermitteln, wenn man die eben genannten Lösungsmittel *nach einander* in Anwendung bringt, also die Substanzprobe erst mit H_2O auszieht und die in H_2O löslichen Bestandtheile *für sich* untersucht, dann mit HCl zu lösen versucht u. s. f.

Ein Beispiel wird den Vortheil dieses Verfahrens am besten erläutern. Gesetzt es liegt eine Substanz vor, die Cu, Pb, O, S enthält, so fragt es sich: *wie sind diese Elemente gebunden?* Hätten wir a) $SO_4Cu + PbO$, so würde H_2O alles SO_4Cu dem Gemenge entziehen, b) $CuO + PbS$ (Mineral), so würde H_2O nichts lösen, HCl alles Cu als $CuCl_2$ entziehen, c) metall. $Cu + SO_4Pb$, so würde weder H_2O noch HCl einwirken, NO_3H würde unter NO-Entw. Cu auslösen, d) $SO_4Cu + PbO_2$, so würde H_2O das Kupfersalz lösen, dann HCl mit dem Rückstand Cl entwickeln u. s. w.

Da manche Reagentien, namentlich die oxydirend und reducirend wirkenden (sei es, dass sie als Lösungsmittel oder im Lauf der Untersuchung zur Verwendung kommen) die ursprünglich vorliegende Substanz tiefgreifend zu verändern vermögen (z. B. Ferro-Verb. in Ferri-Verb. und umgekehrt; CrO_4H_2 in Cr_2O_3 u. s. f.), *so darf nie die Gesammtmenge des Analysenmaterials auf einmal in Arbeit genommen werden*, sondern es wird stets eine entsprechende Probe zurückgestellt, um in den Fällen, in welchen die Vorprüfung darüber keine Entscheidung gab, am Schluss der Analyse durch besondere Versuche festzustellen, in welcher Form ein gefundenes Element vorhanden war. Eine Theilung des Untersuchungsmaterials ist aber schon desshalb von vornherein vorzunehmen, weil die Vorprüfungen

Hat man eine **feste Substanz** zu analysiren, so werden die „Vorprüfungen" direct angestellt, zum Zweck weiterer Untersuchung aber die Substanz der Einwirkung von ***Lösungsmitteln*** unterworfen.

Eine ***einheitliche Substanz*** kann löslich sein in H_2O, HCl, NO_3H, Königswasser, Alkalien. Man versucht damit die Auflösung in dieser Reihenfolge. Dabei kommen folgende Gesichtspunkte in Betracht:

1) Löst man eine Substanz in ***Wasser***, so kann der Fall eintreten, dass sie sich in wenig H_2O klar löst, beim Hinzufügen von mehr H_2O aber ein Theil des Gelösten wieder ausfällt. Ein Zusatz von Säure löst einen so entstandenen Niederschlag (sein Entstehen deutet auf *Bi*- oder *Sb*-Salze) leicht wieder auf.

2) Beim Lösen einer Substanz in ***Chlorwasserstoffsäure*** können besondere Erscheinungen eintreten, welche über die Natur der Substanz Licht verbreiten. Die meisten *Metalloxyde* lösen sich in HCl und geben correspondirende *Cl*-Verbindungen lediglich unter Bildung von H_2O. Sehr *0-reiche Metallverbindungen* (Superoxyde, Säuren) aber machen gleichzeitig *Cl* aus der HCl frei; während freie *Metalle*, das *Cl* derselben bindend, zur Entwicklung von *H* Veranlassung geben. Einige Verbindungen werden durch HCl gasförmig ausgetrieben (cf. Tab. IV, 3).

3) Die ***Salpetersäure***, wo sie im Gegensatz zu H_2O und HCl löst, wirkt als *Oxydationsmittel* und wird selbst zu Oxyden des *N* reducirt, die bei der Operation als braunrothe Dämpfe in die Luft entweichen. In diesem Sinne löst NO_3H: *Pb, Ag, Cu, Hg, Sb, As,* Metallsulfide u. a. Körper, welche von HCl gar nicht angegriffen werden. In manchen Fällen veranlasst, namentlich conc. NO_3H, Veränderungen in schwer oder gar nicht direct lösliche Körper (*Sn*-Verbindungen geben: SnO_2; *Sb*-Verb. geben: Sb_2O_4; *PbS* giebt: SO_4Pb; *As*-Verb. bei gleichzeitiger Anwesenheit von *Sn* geben unlösliches: As_2O_5, $2SnO_2$. *S*-Verbindungen scheiden gern schwer oxydirbaren *S* in gelben Tropfen aus, Jodverbindungen *J*). Unter Umständen fallen aus salpeters. Lös. auch in conc. NO_3H schwerlösliche salpeters. Salze aus [z. B. $Ba(NO_3)_2$], diese lösen sich dann auf Zusatz von H_2O.

4) ***Königswasser*** (Gemisch von 3 vol. HCl+1 vol. NO_3H) wirkt energisch, weil dies Gemisch *Cl* entwickelt ($6HCl+2NO_3H=2NO+4H_2O+3Cl_2$) und *Cl* die meisten Elemente mit besonderer Energie angreift.

5) Lösungen von ***Alkalien*** kommen als Lösungsmittel für feste Substanzen höchstens bei der Prüfung auf Säuren in Anwendung. Darin leicht löslich sind eben viele

1) Nicht „*Vorprüfungen*" genannt, weil dieselben Tastversuche vorstellen, die auch unterbleiben könnten, sondern weil sie zweckmässig den Prüfungen auf anderem Wege *vor*gestellt werden.

(Tab. II—IV), die Untersuchung auf Basen (Tab. VI—XV) und die specielle Prüfung auf Säuren (Tab. XVI) in getrennten Parthien ausgeführt wird und zwar aus Zweckmässigkeitsgründen in der genannten Reihenfolge.

Als besonderer Fingerzeig für die Ausführung der Analysen diene noch Folgendes:

Die Gruppenreagentien lässt man in der Reihenfolge auf die gelösten Substanzen einwirken, welche die Tabelle VI angiebt. Vor Anwendung eines zweiten Reagens wird der durch das erste entstandene Niederschlag abfiltrirt, der Rückstand auf dem Filter sehr gut mit H_2O ausgewaschen (die Waschwasser werden fortgegossen), das Filtrat aber weiter verarbeitet, nachdem man sich durch Abdampfen einer Probe auf Platinblech überzeugt hat, dass es überhaupt noch nicht flüchtige Bestandtheile enthält. — Ehe man die Gesammtflüssigkeit mit einem Reagens versetzt, überzeugt man sich gleichfalls mit einer Probe derselben, ob das Reagens überhaupt einen Niederschlag erzeugt. Entsteht kein Niederschlag, so geht man zum folgenden Gruppenreagens über, entsteht ein Niederschlag, so setzt man so lange tropfenweise von dem betreffenden Reagens zu, als etwas gefällt wird. Man vermeide dabei jeden unnützen *Reagensüberschuss*, denn ein solcher erschwert die Untersuchung und ist oft sogar schädlich. Dasselbe gilt für die Anwendung *saurer Lösungsmittel* (z. B. hindert Ueberschuss von NO_3H oder Königswasser die Ausfällung von Metallen durch SH_2, weil letzterer zersetzt wird, Ueberschuss von HCl die Fällung von *SnS*, das sich sehr leicht in conc. HCl löst u. s. w.); ist ein Ueberschuss letzterer von vornherein nicht zu vermeiden, so muss die überschüssige Säure vor Beginn der Untersuchung verjagt, ev. die Flüssigkeit mit H_2O verdünnt werden. — Die erhaltenen Niederschläge werden nach den in den Tabellen näher angegebenen Principien verarbeitet. Man begnüge sich nie damit die Anwesenheit eines Elements durch das blosse *Entstehen eines* bestimmten Niederschlages nachzuweisen, sondern mache zur Controlle mit diesem Niederschlag noch mehrere für das vermuthete Element characteristische Reactionen.

Man mache sich von Anbeginn der Analyse genaue Notizen über die gemachten Beobachtungen, um keinen Irrthümern zu unterliegen und nicht durch Vergessen beobachteter Erscheinungen die Erreichung eines Resultates zu erschweren. Man versäume ferner nie Niederschläge und Flüssigkeiten, die während der Analyse resultiren, so genau durch Aufschriften zu bezeichnen, dass der Ursprung derselben auch nach längerer Unterbrechung der Arbeit sofort erkennbar ist.

Man führe endlich und vor allen Dingen keine Operation aus ohne sich der Gründe für dieselbe bewusst zu werden, denn der Zweck dieser Tabellen ist nicht der dem mechanischen Arbeiten, sondern dem *Nachdenken* eine Stütze zu sein.

Prüfungen auf trocknem Wege. A.

Theile der Flamme.

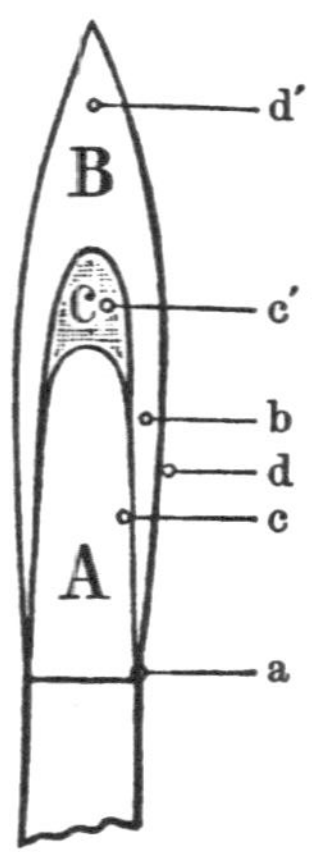

A, ***Dunkler Gaskegel,*** (Gemenge v. Luft u. Leuchtgas).

Flammenfärbungen.

Manche Körper, in eine *nicht leuchtende* Flamme gebracht, theilen derselben eine charakteristische Färbung mit. Nicht alle Verbindungen der Elemente sind gleich gut für diese Versuche geeignet. Die schwefelsauren Erden z. B. sind wenig brauchbar, fast durchgängig am besten eignen sich die Chlorverbindungen. Die Reactionen werden daher mit diesen angestellt oder mit anderen Salzen nach Zusatz von etwas $AgCl$, oder es wird die Probe mit trockner Substanz vorgenommen, welche an einem mit etwas HCl befeuchteten *dünnen Platindraht* befestigt wird. Um Gemische von Elementen, welche die Flamme färben, *neben einander* zu erkennen, bedient man sich *des Spectroskops*, in einzelnen Fällen auch gefärbter Gläser oder eines Indigoprismas. Färbungen ertheilen:

Gelb	***Rothgelb***	***Roth***	***Violett***	***Grün***	***Gelbgrün***	***Blau***
Natrium [1]). ——— 1) HgJ_2 oder $Cr_2O_7K_2$ erscheinen im Licht dieser Flamme farblos.	*Calcium.*	*Strontium,* *Lithium.*	*Kalium.*	*Kupferoxyd,* *Borsäure* [2]), *Phosphorsäure* [2]). ——— 2) Die Salze sind mit SO_4H_2 zu befeuchten.	*Baryum.*	*Chlorkupfer,* *Blei,* *Arsen,* *Antimon.*

Verhalten der Metalloxyde zu Phosphorsalz und Borax.

Manche Metalloxyde lösen sich mit charakteristischer Farbe in Glasflüssen. Letztere werden hergestellt, indem man Phosphorsalz oder Borax am Oehr eines dünnen glühenden Platindrahts befestigt und das Anhaftende zu einem Glas schmilzt. An der so entstandenen, durchsichtigen, nochmals zum Weichwerden erwärmten Perle

B+C, ***Flammenmantel.***

C, ***Leuchtende Spitze.***

a, ***Flammenbasis,*** (niedrigste Temperatur).

b, ***Schmelzraum,*** (höchste Temperatur).

c, *unterer* c', *oberer* } ***Reductionsraum.***

d, unterer d', oberer } ***Oxydationsraum.***

wird eine kleine Substanzprobe angeschmolzen, und diese nun nach einander in der Oxydations- und Reductionsflamme einer Lampe oder eines Löthrohrs behandelt. Reductionserscheinungen treten meist leichter mit Phosphorsalz ein, namentlich auf Zusatz von *Sn* [z. B.: $2PO_4CuNa + Sn = (PO_4)_2Na_2Sn + Cu_2$]. Von Einfluss auf die Farbe der Gläser kann ihr Sättigungsgrad und ihre Temperatur sein. [Es bedeutet im Folgenden: h. = heiss; k = kalt; st. g. = stark gesättigt.]

⟨Die Anwendung von Phosphorsalz und Borax beruht darauf, dass *Phosphorsalz* ($PO_4NaHNH_4 + 4H_2O$) beim Erhitzen Wasser und Ammoniak verliert und zu PO_3Na wird, welches alle Metalloxyde (SiO_2 ausgenommen) klar löst (z. B. $PO_3Na + CuO = PO_4CuNa$). — Borax ($B_4O_7Na_2 + 10H_2O$) verhält sich ähnlich. Bei der Wasserabgabe bläht er sich stark auf; das geschmolzene Salz wirkt dadurch, dass die Borsäure in der Glühhitze andere Säuren austreibt und mit Metallen schmelzbare Verbindungen giebt, die mit borsaurem Natrium besonders leicht schmelzbare Doppelsalze liefern, z. B. $Bo_4O_7Na_2 + CuO = [(BoO_2)_2Cu + 2BoO_2Na]$.⟩

Farbe der Perlen.	***Mit Phosphorsalz*** *in der Oxydationsflamme*	***Mit Phosphorsalz*** *in der Reductionsflamme*	***Mit Borax*** *in der Oxydationsflamme*	***Mit Borax*** *in der Reductionsflamme*
Blau	***Co, Cu*** (k.).	***Co.***	***Co, Cu*** (k.).	***Co.***
Grün	***Cr, Cu*** (h.), ***Fe*** (*Co*- u. *Cu*-haltig).	***Cr.***	***Cr, Cu*** (h.).	***Cr, Fe.***
Violett	***Mn.***		***Mn, Co***-haltiges ***Ni.***	
Roth	***Fe*** (h. st. g.), ***Ni*** (h.).	***Fe*** (h.), ***Cu*** (k. st. g. auf Zusatz von *Sn*).	***Fe*** (h.), ***Ni*** (k.) rothbraun).	***Cu*** (k. st. g. undurchsichtig).
Gelb	***Fe***(h.), ***Ag***(h.), ***Ni***(k.).	***Fe*** (h.).	***Fe*** (h.), ***Pb, Bi, Sb*** (h. st. g.).	
Grau		***Ag, Pb, Bi, Sb, Cd, Zn, Ni.***		***Ag, Pb, Bi, Sb, Cd, Zn, Ni.***
Farblos	***SiO_2*** (giebt Skelett). Alkalien. Erden. ***Hg, Pb, Bi, Sb, Cd, Zn, Sn.***	***SiO_2*** (giebt Skelett). Alkalien. Erden. ***Mn, Sn.***	***SiO_2*** (ohne Skelett). Alkalien. Erden, ***Hg, Ag, Pb, Bi, Sb, Cd, Zn, Sn.***	***SiO_2*** (ohne Skelett). Alkalien. Erden. ***Sn, Mn, Cu*** (h.).

Prüfungen auf trocknem Wege. B.

Verhalten im offenen trocknen Reagens-rohr beim Erhitzen.	*Es schmelzen:*	Die meisten *Salze der Alkalien*, einige der *alkalischen Erden*. — [*Borsaure* Salze und *Alaun* blähen sich beim Schmelzen auf. — Viele Verbindungen geben beim Schmelzen *Wasser* ab (auf seine Reaction zu untersuchen). — Manche Salze (z. B. Chloralkalien, Baryumnitrat u. s. w.) *decrepitiren* beim Erhitzen.]
	Es sind unschmelzbar:	Die *Erden*, *Kieselsäure*, viele *Silikate* u. s. w.
	Es sind flüchtig:	*Wasser*, *Jod*, *Schwefel*; *Ammoniak*-, *Quecksilber*-, *Arsen*-Verbindungen u. s. w.
	Es färben sich beim Erhitzen für sich:	*Gelb:* **ZnO** (leuchtet); **SnO_2**; **Sb_2O_3**. — *Braun:* **PbO** (schmelzbar); **Bi_2O_3**; chromsaure Salze. — *Schwarz:* **HgO**; **Fe_2O_3**; organische Verbindungen (durch Abscheidung von ***Kohle***) u. s. w.
	Mit einigen Körnchen Natrium-hyposulfit:	schwarz: ***Hg, Ag, Pb, Bi, Cu, Fe, Ni, Co.*** — braun: ***Sn.*** (Stannoverbindungen). — roth: ***Sb.*** — gelb: ***As, Sn,*** (Stanniverb.), ***Cd.*** — grün: ***Cr, Mn.*** — weiss: ***Zn.*** — farblos: ***Al, Erden. Alkalien.***

Verhalten auf Kohle vor dem Löthrohr.

Es verpuffen:	*Salpetersaure, chlorsaure, überchlorsaure, jodsaure, bromsaure* Salze u. s. w.

Beim Glühen mit Soda oder Soda + Cyankalium [2] *im Reductionsfeuer geben* [1]:	*Hepar*	*Knoblauchgeruch*	*Metallkorn* [3]) mit *Beschlag*: Metall spröde	*Metallkorn* [3]) mit *Beschlag*: Metall dehnbar	*Metallkorn* [3]) ohne *Beschlag*: glänzend, ductil	*Metallkorn* [3]) ohne *Beschlag*: grau, unschmelzbar, mangnetisch	*Beschlag* ohne *Metallkorn*	*gefärbte Schmelze*
	Alle ***Schwefel***verbindungen. (Die befeuchtete Masse schwärzt blankes *Ag*.)	Die meisten ***Arsen***verbindungen.	***Sb***, Beschlag: *weiss, flüchtig*. ***Bi***, Beschlag: *braungelb*.	***Pb***, Beschlag: *gelb*.	***Ag***, ***Sn***, } *weiss*. ***Cu***, *roth*.	***Fe***, ***Ni***, ***Co***.	***Zn***, *weiss* (heiss: *gelb*). ***Cd***, *braunroth*.	***Mn***: *grün*. ***Cr*** oder ***S*** (s. Hepar): *gelb*.

1) Diese Prüfung bezieht sich auf Verbindungen von *nicht-metallischem* Ansehen. *Freie Metalle* können direct, ohne die genannten Reductionsmittel, mit dem Löthrohr behandelt werden. Sie zeigen dann selbstverständlich in Bezug auf Beschläge dieselben Erscheinungen, die hier angegeben sind.

Was *Schmelzbarkeit* betrifft, so sind v. d. Löthrohr *von den Metallen* { schmelzbar: *Sb, Pb, Sn, Bi, Cd, Zn* (leicht); *Cu, Ag* (schwerer). unschmelzbar: *Fe, Ni, Co*.

(2) Bei diesen Vorgängen wirkt die glühende Kohle und das *CNK* einfach *O*-entziehend (reducirend): $MO + C = CO + M$; $MO + CNK = CNOK + M$. — Die Soda (CO_3Na_2) setzt in der Glühhitze andere Metallsalze in Carbonate um (z. B. $SO_4Pb + CO_3Na_2 = SO_4Na_2 + CO_3Pb$). Die kohlens. Salze schwerer Metalle verlieren aber leicht CO_2 beim Glühen und geben Metalloxyde, welche entweder schon für sich, jedenfalls aber mit Hülfe von *C* oder von *CNK* die freien Metalle liefern. Letztere, sofern sie flüchtig sind, verbrennen bei der Verflüchtigung z. Th. zu Oxyd, das sich an den kalten Stellen der Kohle absetzt (Beschlag).

(3) Die Metallkörner und ihre Eigenschaften werden am besten erkannt, wenn man die Substanzprobe (nach der Behandlung vor dem Löthrohr) mit Wasser in einem Achatmörser mit einem Pistill zerreibt, die leichten Kohle-Partikelchen mehrfach *abschlemmt* und auf Farbe und Härte der rückbleibenden Metallflitter achtet.

Mit $Co(NO_3)_2$ *befeuchtet und stark geglüht geben:*	*Blaues Glas*	*Blaue Masse (unschmelzbar)*	*Grüne Masse*	*Fleischrothe Masse*	*Violette Masse*	*Braune Masse*	*Graue Masse*
	Phosphorsaure, Borsaure, Kieselsaure Alkalien.	*Thonerde, Kieselerde, Silikate, Phosphorsaure Erden.*	*Zinkoxyd* (gelbgrün), *Zinnoxyd* (blaugrün), *Antimonoxyd* (schmutziggrün).	*Magnesia.*	*Phosphorsaures* und *Arsensaures Magnesium.*	*Baryt.*	*Kalk, Strontian.*

Tabelle IV.

Es entwickeln sich Gase oder Dämpfe mit einer Probe der trocknen Substanz:

	Gefärbte.	Farblose, riechende.	Farblose, geruchlose.
I. Beim Erhitzen für sich im Glasrohr.	***braunroth:*** N_2O_3 (aus *salpetersauren* u. *salpetrigsauren* Salzen). ***violett:*** J (beim Erhitzen von *freiem Jod* und einigen *jodsauren Salzen*), färbt Stärke blau.	SO_2[1]), (aus einigen *schwefelsauren* und *polythionsauren* Salzen), kenntlich am Geruch. $(CN)_2$, (aus manchen *Cyanverbindungen*), brennt violett. SH_2, (aus einigen *Sulfiden*), schwärzt Bleipapier. NH_3, (aus *Ammoniaksalzen*, alkalischen CN-Verbindungen und einigen *N-haltigen organischen Verbindungen*), bläut rothes Lacmuspapier; bildet mit flüchtigen Säuren Nebel. ——— 1) SO_2 liefern beim Erhitzen, *wenn genügend atmosphärischer O zugegen ist*, fast alle S-haltigen Verbindungen (namentlich Mineralien). Um diese Bedingungen herzustellen, bedient man sich zum Erhitzen der Probe eines engen, schräg gehaltenen, an beiden Seiten offenen Glasrohrs.	O, (aus *chlorsauren*, *bromsauren*, *jodsauren*, *chromsauren* Salzen, aus *Superoxyden* u. den *Oxyden* einiger *schwerer Metalle*, wie HgO, Ag_2O), unterhält die Verbrennung lebhaft. CO_2, (aus *kohlensauren* u. *oxalsauren* Salzen), fällt Kalk- und Baryt-Lösungen, unterhält die Verbrennung nicht. CO, (aus *oxalsauren* Salzen), brennt bläulich, wird von ammoniakalischer $CuCl$-Lösung absorbirt. H_2O, (setzt sich an den kälteren Theilen des Gefässes in Tropfen ab). NO, (aus *Ammoniumnitrit*) unterhält die Verbrennung wie O.

II. Bei schwachem Erhitzen mit dem 3—4fachen Volum conc. Schwefelsäure oder mit dem gleichen Volum SO_4KH.	***braunroth:*** N_2O_4, s. o., N_2O_3 (aus *salpetrigsauren* Salzen). Br (aus *Bromverbindungen*), färbt Stärke gelb. ***gelbgrün:*** Cl (aus *unterchlorigsauren* Salzen), entfärbt Indigo. Cl_2O_4 (aus *chlorsauren Salzen*), explosibel; die ursprüngliche Verbindung verpufft auf Kohle erhitzt. ***violett:*** J (aus *jodwasserstoffsauren Salzen* und anderen *Jodverbindungen*; aus *Jodsäure* aber erst nach Zusatz v. etwas festem SO_4Fe); s. o. ***roth:*** CrO_2Cl_2 (aus Gemengen von *chromsauren Salzen*) mit *Chlormetallen*).	HCl, (aus *Chlormetallen*), fällt NO_3Ag-Lösung käsig weiss; giebt mit NH_3 Nebel. HBr, (aus *Brommetallen*, gemengt mit Br). HFl, (aus *Fluorverb.*), ätzt Glas. CNH, (aus *Cyanverb.*), brennbar. $CNOH$, reizt zu Thränen, trübt Kalkwasser. NO_3H, (aus *salpeters. Salzen*), giebt auf Zusatz von SO_4Fe oder von Cu braunrothe Dämpfe. SH_2, (aus *Sulfiden*), wird z. Th. unter S-Abscheidung zersetzt. SO_2 [2]), (aus *schwefligs.* u. *polythionsauren* Salzen). $C_2H_4O_2$, (aus *essigs.* Salzen), giebt mit Alkohol und conc. SO_4H_2 Essigäther. ——— 2) Namentlich bei zu starkem Erhitzen kann die *angewandte Schwefelsäure* bei Gegenwart einiger Körper (z. B. Jodalkalien, Schwefelmetallen, Metallen) SO_2 liefern.	O, (aus *chromsauren* u. *übermangansauren Salzen* und aus *Superoxyden*). CO_2, (aus *kohlensauren* und *oxalsauren Salzen*). CO, (aus *oxalsauren*, *ameisensauren*, *blausauren*, *ferro-* und *ferricyanwasserstoffsauren Salzen*).
III. Beim Erhitzen mit Salzsäure.	***braunroth:*** N_2O_3 (aus *salpetrigsauren Salzen*). ***gelbgrün:*** Cl (mit *unterchlorigsauren* u. *chlorsauren* Salzen; mit *Superoxyden* der *schweren Metalle*; mit einigen *Metallsäuren*, MnO_4H, CrO_3 u. s. f.; mit *salpetersauren* Salzen).	CNH, $CNOH$, SH_2, SO_2, } aus den entsprechenden Salzen schon mit verd. Säure in der Kälte.	O, (aus den *Superoxyden* der *leichten Metalle*). CO_2, (aus deren Salzen, schon mit sehr verd. Säure in der Kälte). H, (aus allen in HCl löslichen *Metallen*).

Aufschliessung der Verbindungen.

Manche Verbindungen sind in Wasser und Säuren so gut wie unlöslich oder doch so wenig löslich, dass dadurch ihre Untersuchung auf nassem Wege verhindert oder erschwert wird; diese müssen *aufgeschlossen*, d. h. *lösiich gemacht werden*. Zu diesen Verbindungen gehören u. A.: die Sulfate von *Ba*, *Sr*, *Ca*; $PbCl_2$, $AgCl$; die Anhydride SiO_2, Sb_2O_3, SnO_2; viele Silicate, Aluminate, Fluoride, Phosphate, Arseniate, Chromate, manche schwefelhaltige Mineralien, einige (seltene) Metalle, Kohlenstoff.

Welche Gruppe von unlöslichen Verbindungen zum Aufschliessen vorliegt, ist durch die Prüfungen Tabelle I—IV festgestellt, je nach deren Resultat eine der folgenden Methoden zum Aufschliessen gewählt wird. Vorher wird jedoch die aufzuschliessende Substanz stets ***sehr fein gepulvert*** und ihre direct löslichen Bestandtheile werden durch Ausziehen mit Wasser und Säuren entfernt ***und für sich untersucht.***

Einige *organische* Verbindungen (z. B. Cyanmetalle, ferro- und ferricyanwasserstoffsaure Salze, Salze der Weinsäure und Citronensäure u. s. f.) sind zwar in Wasser leicht löslich, lassen sich aber nicht nach dem vorgeschriebenen Analysengang untersuchen, weil die characteristischen Reactionen der in ihnen enthaltenen Elemente in Folge der Anwesenheit organischer Materien oft ganz ausbleiben. Solche Verbindungen sind durch Behandlung nach g oder h für die Analyse vorzubereiten.

Es werden aufgeschlossen:[1])

a)	*Durch Zusammenschmelzen eines innigen Gemenges der Substanz mit 3—4 Th.* **kohlens. Natron-Kali.**	***Sulfate*** (von ***Ba***, ***Sr***, ***Ca***, ***Pb***).	Nach dem Schmelzen enthält die Masse in H_2O unlösliche *Carbonate* von *Ba*, *Sr*, *Ca*, *Pb* u. s. f. und in H_2O lösliche *Sulfate* und Carbonate der Alkalien; sie wird mit H_2O ausgelaugt und der *sehr gut ausgewaschene Rückstand* in *HCl* (oder NO_3H) gelöst und wie gewöhnlich untersucht.
		Silikate und Kieselsäure.	Das äusserst fein gepulverte Mineral wird etwa $^1/_2$ Stunde geschmolzen, die Schmelze mit *HCl* ausgezogen und etwa drei Mal mit conc. *HCl zur Trockne* eingedampft[2]), von dem ausgeschiedenen SiO_2 abfiltrirt, und das Chloralkali und event. andere Metallchloride enthaltende Filtrat wie gewöhnlich untersucht.
		Chloride, Fluoride, Phosphate, Anhydride u. s. w.	Die meisten Verbindungen werden dabei in Carbonate oder Oxyde verwandelt oder bis zu Metall reducirt. Der nach dem Aufnehmen mit H_2O bleibende *Rückstand* wird in NO_3H gelöst und weiter untersucht. Aus Anhydriden können sich beim Verschmelzen auch in Wasser lösliche Verbindungen bilden.
b)	*Durch Zusammenschmelzen mit* **Aetzbaryt.**	***Silikate***, die auf Alkalien geprüft werden sollen.	Die Schmelze wird in *HCl* gelöst, durch wiederholtes Eindampfen mit *HCl* das SiO_2 unlöslich abgeschieden[2]), aus dem Filtrat das *Ba* durch $CO_3(NH_4)_2$ ausgefällt, die Flüssigkeit auf Alkalien geprüft.

c)	*Durch Zusammenschmelzen mit* **saurem schwefels. Kalium.**	***Chromate, Aluminate.***	Das SO_4HK zersetzt sich in der Glühhitze unter Abgabe von SO_3, welches Cr, Al, Fe u s. w. angreift und in Sulfate verwandelt.
d)	*Durch Zusammenschmelzen mit* **Salpeter** *und* **Soda.**	***Chromate*** (namentlich Chromeisenstein).	Das zunächst grob gepulverte Mineral wird erst für sich kurze Zeit stark geglüht, dann so fein wie irgend möglich gepulvert und mit calcinirter Soda geschmolzen, zuletzt der Schmelze etwas NO_3K hinzugefügt[3]).
e)	*Durch Erwärmen mit* **Fluorwasserstoffsäure** (oder $CaFl_2 + SO_4H_2$).	***Silikate.***	Alles Si geht in *flüchtiges* $SiFl_4$ über, die gleichzeitig entstehenden Fluoride der vorher an SiO_2 gebundenen Metalle werden durch Eindampfen mit SO_4H_2 in Sulfate verwandelt und dann untersucht.
f)	*Durch Erhitzen im trocknen* **Chlorstrom.**	***Metallsulfide***[4]) (z. B. Fahlerz und andere Mineralien).	Man erwärmt die in einem Kugelrohr befindliche Substanz im Cl-Strom. Es entweichen dabei als *Chloride* S, Sb, As, Hg und ein Theil des Fe; diese werden in H_2O oder HCl aufgefangen und wie gewöhnlich nachgewiesen. Im Kugelrohr bleiben die Chloride von Ag, Pb, Cu, Zn, Fe.
		Metalle.	Diese werden in Chloride übergeführt (z. B. die in den Tabellen sonst nicht berücksichtigten *Platin*-Metalle).
g)	*Durch Erhitzen mit* **conc. Schwefelsäure.**	***Fluoride.***	Das Fl entweicht als FlH, im Rückstand bleiben Metallsulfate.
		Silikate.	Die Operation muss im zugeschmolzenen Glasrohr ausgeführt werden bei einer Temperatur von ca. 200°.
		Organische Verbindungen.	(z. B. Ferrocyankalium). Die kohlenstoffhaltige Substanz wird zerstört und die Metalle werden in meist leicht lösliche Sulfate verwandelt.
h)	*Durch* **Glühen.**	***Organische Verbindungen.***	Die Metallsalze der organischen Säuren werden durch Glühen zum Theil in kohlensaure Salze, zum Theil in Metalloxyde oder Metalle, also in Säuren lösliche Körper verwandelt. — Kohlenstoff wird durch Glühen im O-Strom mit CuO oder CrO_4Pb zu CO_2 verbrannt.

1) Das Aufschliessen geschieht im Platin- oder Porzellantiegel. Platingefässe sind zu vermeiden, wenn folgende Substanzen gegenwärtig sind: Leicht reducirbare Metalle (*As, Sb, Sn, Pb, Bi, Ag* u. s. w.). *CNK.* Phosphor. Freies Chlor und freier Schwefel. Alkalien. Kohlenstoff.

2) Das wiederholte Eindampfen mit HCl bezweckt, das aus dem kieselsauren Alkali durch HCl zunächst abgeschiedene *in Säuren lösliche* Kieselsäurehydrat in unlösliches Anhydrid überzuführen.

3) Platintiegel werden dabei etwas angegriffen. — [Chromeisenstein kann zweckmässig auch durch Zusammenschmelzen mit 2 Th. Borax und 3 Th. kohlens. Natron-Kali löslich gemacht werden.]

4) Diese können auch, in H_2O suspendirt, durch Digestion mit *Brom* aufgeschlossen werden.

Tabelle VI.

Eintheilung der wichtigsten Metalle nach ihrem Verhalten zu den Gruppenreagentien.

Salzsäure fällt aus sauren [1]) Lösungen	**Schwefelwasserstoff** fällt aus angesäuerten [2]) Lösungen		**Schwefelammonium** fällt aus den mit Ammoniak und Salmiak versetzten Lösungen			**Ammonium-carbonat** fällt bei Gegenwart von Salmiak	**Ammonium-phosphat** fällt bei Gegenwart von Ammoniak und Salmiak	Durch *specielle Reagentien* werden nachgewiesen:
als **Chlorverbindungen:**	als **Schwefelverbindungen,** in Schwefelammonium unlöslich:	löslich:	als **Schwefel-verbindungen:**	als **Oxyd-hydrate:**	als **Phosphate** und **Oxalate:**	als **Carbonate:**	als **Doppelsalz:**	
Blei, $PbCl_2$, krystallin., in heissem H_2O löslich. **Silber,** $AgCl$, käsig, in NH_4OH löslich. **Quecksilber** (oxydul), $HgCl$, pulverig, wird durch NH_4OH schwarz. ——— *Silber-* u. *Quecksilberoxydul-Verbindungen* werden durch HCl vollständig gefällt, u. die Chlorverb. können vor d. Behandl. mit SH_2 durch Filtriren entfernt werden. *Blei* wird dagegen durch HCl nur unvollständig ausgefällt.	**Quecksilber,** Hg_2S, HgS[3]) } schwarz. **Silber,** Ag_2S, schwarz. **Blei,** PbS, schwarz. **Kupfer,** CuS, schwarz. **Wismuth,** Bi_2S_3, braun. **Cadmium,** CdS, gelb.	**Arsen,** As_2S_3, gelb. **Antimon,** Sb_2S_3, Sb_2S_5, } orange. **Zinn,** SnS, braun. SnS_2, gelb. SH_2 fällt aus Lös. der arsenigen Säure direct, aus Arsensäure-Lösung aber *erst nach dem Erwärmen* u. nach längerer Einwirkung As_2S_3. (Die Arsensäure wird dabei erst zu Arsenigs. reducirt.)	**Nickel,** NiS. **Cobalt,** CoS. **Eisen,** FeS. } schwarz. **Mangan,** MnS, fleischfarben. **Zink,** ZnS, weiss.	**Aluminium,** $Al(OH)_3$, weiss. **Chrom,** $Cr(OH)_3$, blaugrün.	**Aluminium,** $PO_4Al + 4H_2O$. **Magnesium,** $PO_4Mg(NH_4) + 6H_2O$. **Baryum,** $(PO_4)_2Ba_3$. $C_2O_4Ba + aq$. **Strontium,** $(PO_4)_2Sr_3$. $C_2O_4Sr + aq$.	**Baryum,** $BaCO_3$, weiss. **Strontium,** $SrCO_3$, weiss. **Calcium,** $CaCO_3$, weiss.	**Magnesium,** $PO_4Mg(NH_4) + 6H_2O$.	**Kalium.** **Natrium.** **Lithium.** **Ammoniak** *).

——— 1) Aus ursprünglich *alkalischen* Lös. kann HCl u. a. in H_2O unlösliche *Säuren* (z. B. SiO_3H_2, SbO_3H, BoO_3H_3) fällen, ferner *Oxyde* [z. B. $Pb(OH)_2$], welche sich in übersch. HCl wieder lösen, auch *Schwefelmetalle* (z. B. Sb_2S_5) u. freien *Schwefel*.	Befinden sich in der sauren Lösung leicht reducirbare Oxyde oder Säuren, z. B. *Eisenoxyd, Manganoxyd, Chromsäure, salpetrige-, unterchlorige-, Chlor-, Brom-, Jod-Säure*, ferner *Chlor, Brom oder Jod*, so kann b. Einleiten von SH_2 *Schwefel* ausgeschieden werden. ——— 2) Zu stark salpetersaure Lösungen zerstören den SH_2. 3) Quecksilberoxydverb. fallen durch SH_2 zuerst weiss, indem Doppelverbindungen, wie $2HgS, HgCl_2$ entstehen, und werden erst durch Ueberschuss des Reagens schwarz.		**Uran,** UrS_2, schwarz. $UrOS_2$, braun.		**Calcium,** $(PO_4)_2Ca_3$. $C_2O_4Ca + aq$. weiss.	*) Die Prüfung auf *Ammoniak*, welches mehrfach im Laufe der Untersuchung der Flüssigkeit zugesetzt wird, muss mit der ursprünglichen Lösung vorgenommen werden. [Eine Probe derselben wird mit $NaOH$ übergossen und gelinde erwärmt. Stechend riechende Dämpfe, von alkalischer Reaction, mit HCl Nebel bildend: NH_3. Nachweis sehr geringer Mengen NH_3 durch das „Nessler'sche Reagens" (mit KHO versetzte Lösung von HgJ_2 in JK).]		
Thallium, weiss, käsig. ——— Aus ursprünglich alkalischer Lösung kann durch HCl auch *Molybdänsäure* und *Wolframsäure* gefällt werden.	**Palladium,** **Rhodium,** **Ruthenium,** **Osmium,** } braun-schwarz.	**Gold,** **Platin,** **Iridium,** } schwarz-braun. **Molybdän**, braun. **Tellur**, braun-schwarz. **Selen**, roth. ——— **Wolfram** [1]), braun. **Vanadin** [1]), braun. ——— 1) fallen aus den Lösungen nur nach Zusatz von $S(NH_4)_2$ und HCl.	**Indium**, weiss. **Thallium**, schwarz.	**Beryllium,** **Tantal,** **Niob,** } löslich in KOH. **Yttrium,** **Erbium,** **Cer,** **Lanthan,** **Didym,** **Thorium,** **Zirkonium,** } weiss, unl. in KOH.				**Caesium.** **Rubidium.**

Anmerkung: Die unter dem Strich aufgeführten seltenen Elemente finden bei den in den folgenden Tabellen gegebenen Trennungsmethoden keine Berücksichtigung weiter.

Tabelle VII.

Niederschlag durch Schwefelwasserstoff in schwach saurer erwärmter Lösung.

Dieser Niederschlag kann enthalten: die *Sulfide:* Sb_2S_5, SnS_2 [2]), HgS, PbS, Ag_2S [1]), Bi_2S_3, CuS, CdS.
die *Sulfüre:* As_2S_3, Sb_2S_3, SnS, Hg_2S [1]).

1) Ist nicht vorhanden, wenn der beim Ansäuern der ursprünglichen Lösung durch Salzsäure entstehende Niederschlag abfiltrirt wurde.

2) Da einige *S*-Verbindungen der Metalle dieser Gruppe, namentlich Schwefelzinn, sehr löslich in starker *HCl* sind, darf die mit SH_2 zu fällende Lösung nicht zu stark sauer sein, *jedenfalls aber muss sie vor dem Einleiten des SH_2 genügend mit Wasser verdünnt werden.*

Trennung des As, Sb, Sn von Hg, Pb, Ag, Bi, Cu, Cd.

[Beruhend darauf, dass die den Säureanhydriden analog sich verhaltenden Sulfide Sb_2S_5, SnS_2 und die Sulfüre As_2S_3, Sb_2S_3 mit Schwefelalkalien sich zu in *Wasser löslichen Salzen* geschwefelter Säuren vereinigen:

$$Sb_2S_5+3K_2S=2SbS_4K_3;\quad Sb_2S_3+3K_2S=2SbS_3K_3;\quad As_2S_3+3Na_2S=2AsS_3Na_3;\quad SnS_2+(NH_4)_2S=SnS_3(NH_4)_2,$$

und dass bei Anwendung von *Alkalipolysulfiden* auch *Zinnsulfür*, ebenso wie As_2S_3 und Sb_2S_3, nach Aufnahme von Schwefel als *Sulfid* in Lösung geht:

$$Sb_2S_3+3K_2S+2S=2SbS_4K_3;\quad As_2S_3+3Na_2S+2S=2AsS_4Na_3;\quad SnS+(NH_4)_2S+S=SnS_3(NH_4)_2,$$

während die Schwefelmetalle HgS, Hg_2S, PbS, Ag_2S, Bi_2S_3, CdS auf diese Weise lösliche Verbindungen ***nicht*** geben und CuS nur bei Anwendung von *Ammoniumpolysulfid* sich in geringer Menge löst.]

Ist die *Anwesenheit* von **Kupfer** durch Prüfung des Niederschlages mit der Phosphorsalzperle nachgewiesen, so erwärmt man den Gesammt-Niederschlag gelinde mit *Kaliumpolysulfid* [3]), bei *Abwesenheit* von *Kupfer* mit *Ammoniumpolysulfid*, und filtrirt:

Der *Rückstand* kann bestehen aus: HgS, PbS, Ag_2S, Bi_2S_3, CuS, CdS. Er wird nach Tab. IX verarbeitet.

3) In *alkalihaltigem* Schwefelkalium ist Schwefelquecksilber sehr löslich.

Die *Lösung* kann enthalten: AsS_4M_3, SbS_4M_3, SnS_3M_2 ($M=K$ oder NH_4). Sie wird mit Salzsäure schwach angesäuert; dadurch können ausgeschieden werden:

Schwefel (weiss, milchig), As_2S_3 (gelb), Sb_2S_5 (orange), SnS_2 (gelb),

$$[K_2S_2+2HCl=2KCl+H_2S+S;$$
$$2AsS_4K_3+6HCl=As_2S_5+6KCl+3H_2S;$$
$$SnS_3K_2+2HCl=SnS_2+2KCl+H_2S.]$$

Der Niederschlag wird, wenn er nicht aus reinem Schwefel (verbrennt mit blauer Flamme ohne Rückstand und verbreitet dabei Geruch nach SO_2) besteht, nach Tab. VIII behandelt. Von den dort angegebenen Methoden wählt man je nach dem Resultat der unten folgenden Vorprüfungen Meth. 1 oder 3 bei Abwesenheit von ***Sb***, Meth. 4 bei Abwesenheit von ***As***, Meth. 5 bei Abwesenheit von ***Sn***; doch können, Meth. 5 ausgenommen, in jedem Fall auch die anderen Methoden benutzt werden.

Vorprüfung der durch Säuren aus Schwefelalkalilösung gefällten Schwefelverbindungen auf As, Sb, Sn.

1) Prüfung auf Arsen. Eine Probe des Niederschlages wird mit Zink und Kalilauge (in einem als Marsh'scher Apparat dienenden Reagensglas) gekocht. Das sich entwickelnde Gas ($H+AsH_3$) schwärzt Silberpapier: **Arsen** ($2AsH_3+12NO_3Ag+3H_2O=12NO_3H+As_2O_3+12Ag$).

2) Prüfung auf Antimon. Ein kleiner Theil des Niederschlages wird in heisser Salzsäure unter Hinzufügung von wenig $KClO_3$ gelöst, das freie Chlor und der grösste Theil der HCl verjagt, die rückständige Flüssigkeit auf Platinblech gebracht und ein Stück Zink in dieselbe gelegt. Schwarzer, in verdünnter NO_3H löslicher Fleck: **Antimon.**

3) Prüfung auf Arsen, Antimon und Zinn. Eine Probe der getrockneten Schwefelmetalle wird mit der sechsfachen Menge eines Gemisches von Soda und Cyankalium vor dem Löthrohr auf Kohle geschmolzen. Knoblauchgeruch: **Arsen.** Sprödes Metallkorn, mit weissem Rauch verbrennend, und weisser Beschlag: **Antimon.** Graues dunkles Metallkorn, vor dem Löthrohr nicht flüchtig: **Zinn.**

Tabelle VIII.

In Schwefelalkalien löslicher Theil des Schwefelwasserstoff-Niederschlages.

Methode 1. [Beruhend darauf, dass heisse concentrirte Salzsäure $\mathbf{As_2}S_5$ nicht verändert, $\mathbf{Sb_2}S_5$ aber unter Entwicklung von Schwefelwasserstoff und Schwefelabscheidung als $\mathbf{Sb}Cl_3$ und $\mathbf{Sn}S_2$ als $\mathbf{Sn}Cl_4$ löst.]

Man kocht die durch Salzsäure gefällten und ausgewaschenen Sulfide so lange mit **concentrirter Salzsäure**, bis sich kein Schwefelwasserstoff mehr entwickelt, und filtrirt die saure Lösung ab.

Rückstand enthält gelbes *Arsensulfid* und Schwefel.

Wenn Arsen nicht bei den Vorprüfungen entdeckt wurde, prüft man den Rückstand (nach dem Lösen in HCl und ClO_3K und Verjagen des überschüssigen Chlor) im Apparate von Marsh, oder man fügt zur Lösung desselben in Königswasser NH_4OH, NH_4Cl und $MgCl_2$. Weisser krystallinischer Niederschlag: $\mathbf{As}O_4Mg(NH_4)$.

Lösung enthält *Antimon* und *Zinn*. Man verdampft den grössten Theil der überschüssigen Salzsäure und wirft etwas Zink in die Lösung. Die sich ausscheidenden Metallflocken werden von der Flüssigkeit getrennt, mit H_2O gewaschen und mit HCl gekocht.

Rückstand besteht aus *Antimon*. Man löst in Königswasser, engt die Flüssigkeit durch Verdampfen ein, setzt etwas H_2O zu und fällt mit H_2S.

Orangerother Niederschlag: $\mathbf{Sb_2}S_5$.

Lösung kann enthalten: $\mathbf{Sn}Cl_2$.

Man versetzt dieselbe mit $HgCl_2$. Weisser, resp. grauer Niederschlag: $\mathbf{Sn}$ anwesend.

($SnCl_2 + 2HgCl_2 = SnCl_4 + 2HgCl$;
$2HgCl + SnCl_2 = SnCl_4 + 2Hg$.)

Methode 2. [Die Alkalisalze der Thiosäuren $\mathbf{As}S_3H_3$, $\mathbf{Sb}S_3H_3$ und $\mathbf{Sn}S_3H_2$ (beziehungsweise $\mathbf{As}S_4H_3$ und $\mathbf{Sb}S_4H_3$) werden durch Säuren — und auch durch schweflige Säure — unter Bildung von Schwefelmetallen zerlegt. Bei Anwesenheit von $KHSO_3$ wird gleichzeitig das $\mathbf{As_2}S_3$ resp. $\mathbf{As_2}S_5$ in lösliches $\mathbf{As}O_2K$ verwandelt (unter Abscheidung von Schwefel, der sich zum Theil mit SO_3KH zu S_2O_3KH umsetzt: $2As_2S_3 + 16SO_3KH = 4AsO_2K + 6S_2O_3K_2 + 7SO_2 + S_3 + 8H_2O$), während die Metallsulfide des *Antimons* und *Zinns* nicht weiter verändert werden.]

Die Schwefelmetalle werden in *möglichst wenig* **Mehrfach-Schwefelkalium** gelöst und die Lösung mit einem *grossen* Ueberschuss von **concentrirter schwefliger Säure** gekocht, bis letztere vollkommen verjagt ist.

Niederschlag: Orangerothes $\mathbf{Sb_2}S_5$ oder gelbes $\mathbf{Sn}S_2$ (resp. ein Gemisch beider) und Schwefel. Trennung nach Methode 1.

Lösung enthält $\mathbf{As}O_2K$. Ansäuern mit HCl, Einleiten von H_2S. Gelber Niederschlag: $\mathbf{As_2}S_3$.

Methode 3. [*Schwefelarsen* wird durch concentrirte Ammoniumcarbonat-Lösung in der Wärme als $AsS_4(NH_4)_3$ und $AsO_4(NH_4)_3$ gelöst, während Sb_2S_5 und SnS_2 durch dieses Reagens nicht angegriffen werden. $4As_2S_5 + 12(NH_4)_2CO_3 = 5AsS_4(NH_4)_3 + 3AsO_4(NH_4)_3 + 12CO_2$.]

Der Niederschlag von As_2S_5, Sb_2S_5 und SnS_2 wird mit **concentrirter Ammoniumcarbonat-Lösung** wiederholt digerirt und die Lösung abfiltrirt.

Rückstand [1]) gelb bis orangeroth: Sb_2S_5, SnS_2. Trennung und Nachweis von **Sb** und **Sn** nach Methode 1.	In *Lösung* [2]) findet sich das Arsen. Man säuert mit HCl an. Gelber Niederschlag: As_2S_5. Bestätigung wie unter Methode 1, oder man erhitzt das As_2S_5 mit einem trocknen Gemenge von Soda und Cyankalium im einseitig geschlossenen Glasrohr zum Schmelzen. Metallisch glänzender Spiegel, löslich in $NaOCl$: **As.**

1) Der Rückstand enthält bisweilen Spuren von As_2S_5, die durch Ammoniumcarbonat nicht gelöst worden sind.

2) In der Lösung befinden sich nicht selten kleine Mengen von *Antimon* und *Zinn* als $SbS_4(NH_4)_3$ u. $SbO_4(NH_4)_3$, beziehungsweise $SnS_3(NH_4)_2$ und $SnO_3(NH_4)_2$.

Methode 4. [Beruhend auf der Löslichkeit des *arsensauren* und *zinnsauren* Natrium in weingeisthaltigem Wasser, in welchem das *pyroantimonsaure* Natrium ($Sb_2O_7Na_2H_2$) unlöslich ist.]

Man digerirt die getrockneten Schwefelmetalle mit rauchender HNO_3, bis aller Schwefel oxydirt ist [1]), verdampft zur Trockene und schmelzt bei nicht hoher Temperatur den Rückstand mit 8 Th. festem **Aetznatron** in einem Silbertiegel. Die Schmelze zieht man wiederholt mit warmem Wasser aus, dem man $^1/_3$ Vol. Alkohol zugesetzt hat.

Rückstand: $Sb_2O_7Na_2H_2$. Man löst in HCl und leitet Schwefelwasserstoff ein. Orangerother Niederschlag: Sb_2S_5.	*Lösung* enthält AsO_4Na_3 und SnO_3Na_2. Man leitet nach dem Ansäuern mit HCl Schwefelwasserstoff in die Lösung und trennt die ausgeschiedenen Sulfide nach Methode 1 oder 3.

1) Wenn die *S*-Metalle viel freien *S* beigemengt enthalten, so kann beim Digeriren mit NO_3H Explosion eintreten; freier Schwefel muss desshalb vorher aus der getrockneten Masse durch Ausziehen mit Schwefelkohlenstoff entfernt werden.
Bei gleichzeitiger Anwesenheit von *As* und *Sn* bildet sich bei der Oxydation mit NO_3H nicht in H_2O lösliche AsO_4H_3 und unlösliches SnO_2, sondern in Wasser unlösliches $(AsO_4)_2Sn_3$: daher lassen sich *As* und *Sn* nicht durch blosse Digestion mit NO_3H von einander trennen.

Methode 5. [Beim Schmelzen mit Natriumcarbonat und Salpeter werden die Schwefelverbindungen des *Arsens* und *Antimons* in lösliches AsO_4Na_3 und unlösliches $Sb_2O_7Na_2H_2$ verwandelt. Man vergleiche Methode 4.] [1])

Man erhitzt die mit 1 Theil entwässerter **Soda** und 3—4 Theilen **Salpeter** gemischten, trocknen Sulfide im Porzellantiegel einige Zeit zum Schmelzen, nimmt die geschmolzene Masse nach dem Erkalten mit Wasser und Weingeist ($^1/_3$ Vol.) auf, filtrirt und wäscht mit Weingeist aus.

Rückstand: $Sb_2O_7Na_2H_2$. Nachweis des **Sb** wie unter Methode 4.	*Lösung*, in welcher sich das Arsen als AsO_4Na_3 befindet, wird nach Verjagen des Alkohols mit HCl neutralisirt, und das **As** als $AsO_4Mg(NH_4)$ gefällt.

1) Diese Methode ist auch bei gleichzeitiger Anwesenheit von *Arsen*, *Antimon* und *Zinn* brauchbar, in diesem Falle indess weniger bequem, weil bei zu langem oder zu hohem Erhitzen der Schmelze leicht etwas SnO_2 in SnO_3Na_2 verwandelt wird und als solches sich mit dem AsO_4Na_3 löst.

Tabelle IX.

In Schwefelalkalien unlöslicher Theil des Schwefelwasserstoff-Niederschlages.

Der Schwefelwasserstoff-Niederschlag wird mit **conc. Salpetersäure** erwärmt, und die Lösung nach dem Verdünnen mit Wasser filtrirt.

Rückstand kann enthalten: $\boldsymbol{HgS}$ (schwarz), $2\boldsymbol{HgS}\,.\,\boldsymbol{Hg}(NO_3)_2$ (weiss) und neben Schwefel einen Theil des $\boldsymbol{Pb}$ als $\boldsymbol{PbSO_4}$ (weiss, durch Oxydation von $\boldsymbol{PbS}$ entstanden). — Man erhitzt denselben mit Königswasser [hierdurch wird HgS resp. $2HgS\,.\,Hg(NO_3)_2$ in lösliches Quecksilbersalz übergeführt] und filtrirt nach dem Verdünnen mit Wasser.

Rückstand: $\boldsymbol{PbSO_4}$ neben S.

Man erhitzt denselben mit basisch weinsaurem Ammoniak, filtrirt und fügt zur Lösung Kaliumchromat. *Gelber* Niederschlag: $\boldsymbol{PbCrO_4}$.

Lösung kann enthalten: $\boldsymbol{HgCl_2}$.

Man entfernt die überschüssige Säure durch Abdampfen, setzt dann etwas H_2O und wenig Stannochlorid zu. *Weisser* Niederschlag: $\boldsymbol{HgCl}$. Derselbe schwärzt sich beim Erwärmen mit mehr Stannochlorid unter Bildung von $\boldsymbol{Hg}$. — Oder: man stellt in die Lösung ein blankes Kupferblech. Letzteres amalgamirt sich und überzieht sich mit weissem metall. $\boldsymbol{Hg}$ (beim Erhitzen flüchtig).

Lösung enthält Nitrate von $\boldsymbol{Pb}$, $\boldsymbol{Ag}$, $\boldsymbol{Bi}$, $\boldsymbol{Cu}$, $\boldsymbol{Cd}$. Man verdampft dieselbe zur Vertreibung der Salpetersäure bis **fast** zur Trockne, nimmt mit Wasser auf*) und verfährt nach Methode 1 oder 2.

*) Hierbei kann basisch-salpetersaures Wismuth ungelöst bleiben, das dann durch möglichst wenig Salpetersäure in Lösung zu bringen ist.

Trennung von Pb, Ag, Bi, Cu, Cd.

Methode 1. Man versetzt die Lösung der Nitrate zunächst mit wenig, wenn ein Niederschlag entsteht, mit überschüssiger verdünnter **Schwefelsäure** und filtrirt.

- *Niederschlag:* ***Pb**SO*$_4$. Löslich in $NaOH$ und $C_2H_3O_2(NH_4)$.
- *Lösung* wird mit verdünnter **Salzsäure** erwärmt und filtrirt.
  - *Niederschlag:* ***Ag**Cl.* Löslich in NH_4OH, durch NO_3H wieder fällbar.
  - *Lösung* kann noch enthalten: ***Bi, Cu, Cd.*** (Die Trennung beruht auf der Eigenschaft der ***Cu***- und ***Cd***-Salze, mit Ammoniak lösliche Verbindungen einzugehen, z. B. $CdCl_2 + 2NH_3$; $CuSO_4 + 4NH_3 + H_2O$.) Man übersättigt mit **Ammoniak.**
    - *Niederschlag:* ***Bi**(OH)*$_3$, *weiss.* Man löst den auf ein Filter gebrachten N. in möglichst wenig HCl u. giesst die Lösung in viel Wasser, *weisse* Fällung ***BiOCl***.
    - Die *Lösung* ist bei Anwesenheit von ***Cu*** **blau** gefärbt. War die Lösung nicht blau gefärbt, so fügt man zur Prüfung auf Cadmium direct SH_2 oder $S(NH_4)_2$ hinzu: *gelber* N. ***CdS.***
      Bei *Anwesenheit von **Cu*** versetzt man die blaue Lösung bis zur Entfärbung mit **Cyankalium** und leitet dann SH_2 in die Lösung. [Von den durch CNK entstehenden löslichen Doppelsalzen $Cu(CN)_2 . 2CNK$ und $Cd(CN)_2 . 2CNK$ wird von SH_2 nur letzteres zersetzt.]
      - *Niederschlag:* ***CdS**, gelb.*
      - *Lösung* wird mit HCl versetzt: ***CuS**, schwarz.* Man löst das CuS in NO_3H u. bringt die von überschüssiger Säure befreite Lösung mit einem Stück Zink auf Platinblech. *Rother Fleck:* ***Cu.***

Methode 2. [Beruhend auf der Löslichkeit der Salze von ***Ag, Cu, Cd*** in Ammoniak unter Bildung von Ammoniakverbindungen; z. B. $AgNO_3 + 2NH_3$; $Cu(NO_3)_2 + 4NH_3$.] Man übersättigt die Lösung der Nitrate mit **Ammoniak** und filtrirt.

- *Rückstand:* ***Pb**(OH)*$_2$, ***Bi**(OH)*$_3$. Man digerirt mit verd. SO_4H_2 u. filtrirt:
  - *Rückstand:* ***Pb**SO*$_4$. Löslich in basisch weinsaurem Ammoniak.
  - *Lösung* enthält: ***Bi***$_2(SO_4)_3$. Man neutralisirt mit NH_4OH und fällt mit $K_2Cr_2O_7$. *Gelber* Niederschlag: $(\mathbf{Bi}O)_2Cr_2O_7$.
- *Lösung* kann enthalten: ***Ag, Cu, Cd*** als Ammoniakverbindungen. Sie wird mit *Salzsäure* angesäuert.
  - *Niederschlag:* ***Ag**Cl.* Löslich in $Na_2S_2O_3$.
  - *Lösung* enthält ***Cu*** und ***Cd.*** Man fällt mit H_2S, filtrirt und kocht die ausgewaschenen Sulfide mit verdünnter SO_4H_2 (1 Theil conc. SO_4H_2, 5 Theile H_2O).
    - *Rückstand:* ***CuS.*** Man löst in Salpetersäure, filtrirt, neutralisirt mit NH_4OH und versetzt mit $K_4Fe(CN)_6$. *Rothbraune* Lösung oder Fällung: ***Cu**$_2$Fe(CN)$_6$*.
    - *Lösung* kann enthalten: ***Cd.*** Man neutralisirt mit Ammoniak und fällt mit H_2S. *Gelber* Niederschlag: ***CdS.***

Tabelle X.

Vorbemerkungen zum Verständniss der Verarbeitung der Lösung, welche Metalle der Schwefelammoniumgruppe enthält.

Wird das Filtrat vom Schwefelwasserstoffniederschlag, nach vollständiger Entfernung des H_2S [oder, wenn H_2S keine Fällung erzeugte, die ursprüngliche Flüssigkeit] mit **Ammoniak** versetzt, so wird zunächst die überschüssige Säure neutralisirt und es werden dann von vielen Metallen Oxydhydrate gebildet, von welchen die einen unlöslich, die andern durch Vermittlung des überschüssigen Ammoniaks löslich sind.

I.	Fällung.						Lösung.		
Phosphate (*Oxalate*) (1)	$Al(OH)_3$	$Cr(OH)_3$	$Fe(OH)_3$ (2)	$Fe(OH)_2$ (3)	$Mn(OH)_2$ (3)	$Mg(OH)_2$	$CoCl_2 + 6NH_3$ (4)	$NiCl_2 + 6NH_3$ (4)	$ZnCl_2 + 2NH_3$ (4)

ad (1) Enthält die Lösung Phosphorsäure (oder Oxals.), so werden Phosphate (resp. Oxalate) nicht nur der hierher gehörigen Metalle, sondern auch des ***Ba, Sr, Ca, Mg*** (von *Mg* nicht d. Oxalat) gefällt.
(2) Eisenoxydsalze sind selbstverständlich in einer vorher mit H_2S behandelten Flüssigkeit nicht vorhanden.
(3) $Fe(OH)_2$ und $Mn(OH)_2$ werden durch den Sauerstoff der Luft oxydirt und verändern die Farbe, sie sind zum Theil in Lösung (s. u.).
(4) Für andere Salze von *Co, Ni* und *Zn*, als Chloride, erhält man ähnliche Ammoniakverbindungen.

Von den durch NH_4OH fällbaren Hydraten sind einige in Ammoniaksalzen löslich unter Bildung von Doppelsalzen. Die Fällung dieser Hydrate ist desshalb nie vollständig und wird durch Anwesenheit einer genügenden Menge von NH_3-Salz völlig verhindert. Setzt man daher zu der Lösung vor dem Fällen mit NH_4OH hinlänglich viel NH_4Cl, so hat man:

II.	Fällung.			Lösung.					
Phosphate (*Oxalate*)	$Al(OH)_3$	$Cr(OH)_3$	$Fe(OH)_3$ (5)	$FeCl_2 + 2NH_4Cl$ (6) (7)	$MnCl_2 + 2NH_4Cl$ (7)	$MgCl_2 + NH_4Cl$	$CoCl_2 + NH_4Cl$	$NiCl_2 + NH_4Cl$	$ZnCl_2 + 2NH_4Cl$

ad (5) vergl. oben ad (2).
(6) Eisenoxydulhydrat löst sich nur schwer in NH_4Cl.
(7) Diese Salze werden durch den Sauerstoff der Luft oxydirt und es scheiden sich dann $Fe(OH)_3$ und $Mn(OH)_3$ aus den Lösungen aus.

Wird jetzt $(NH_4)_2S$ zugefügt, so bilden alle Metalle, die auf nassem Wege überhaupt Sulfide und in ammoniakalischen Flüssigkeiten **unlösliche** Sulfide zu erzeugen im Stande sind, diese Sulfide. Aus etwa vorhandenem Eisenoxydhydrat wird durch Reduction Eisensulfür gebildet.

III. Im *Niederschlag* finden sich also:

Phosphate (*Oxalate*)	$Al(OH)_3$	$Cr(OH)_3$	—	FeS	MnS	— (8)	CoS	NiS	ZnS

ad (8) $MgCl_2NH_4Cl$ wird durch Schwefelammonium nicht angegriffen und bleibt also in Lösung.

Für den practischen Gang der qual. Analyse ist die Fällung mit Ammoniak allein oder bei Anwesenheit von Salmiak aus den in den Anmerkungen (6) und (7) enthaltenen Gründen nicht wohl verwerthbar. **Man setzt desshalb, ohne sich um die durch Ammoniak bei Gegenwart von hinlänglich viel Salmiak entstehende Fällung zu kümmern, direct $(NH_4)_2S$ hinzu** und erreicht so eine Trennung der nach III fällbaren Metalle von *Ba*, *Sr*, *Ca*, *Mg* (soweit dieselben nicht als Phosphate oder Oxalate vorhanden sind) und den Alkalimetallen. Dabei ist nur darauf zu sehen, dass:

1) hinlänglich viel NH_4Cl zugegen ist, um etwa vorhandene *Mg*-Verbindungen in Lösung zu halten,
2) hinlänglich viel Ammoniak zugesetzt wird, um alle freie Säure zu neutralisiren, weil sonst Zersetzung des $(NH_4)_2S$ eintreten würde,
3) wegen der leichten Oxydirbarkeit der im Niederschlag befindlichen *S*-Metalle, dieser *schnell filtrirt* und mit $S(NH_4)_2$-haltigem Wasser ausgewaschen wird.

Hat man es mit einem H_2S-haltigen Filtrat zu thun, so ist für den praktischen Gang der weiteren Untersuchung das Entfernen des H_2S nicht erforderlich. Man kann direct NH_4Cl und NH_4OH und dann $(NH_4)_2S$ zufügen. [Da Ammoniak mit H_2S sofort Schwefelammonium erzeugt, so treten in diesem Fall die in I und II angeführten Erscheinungen nicht ein.]

Die weitere Verarbeitung des erhaltenen $(NH_4)_2S$-Niederschlages geschieht, wenn weder Phosphate noch Oxalate vorhanden sind, nach Tab. XII, Methode 1, 2 oder 3. Bei Anwesenheit von Chrom, namentlich wenn gleichzeitig Zink zugegen ist, führt Methode 3 am sichersten zum Ziel; auch ist meistens Methode 2 der Methode 1 vorzuziehen, da sie bei gleichzeitiger Gegenwart von *Fe*, *Zn* [u. *Ni*] bessere Trennung ermöglicht. Bei Anwesenheit von Phosphaten resp. Oxalaten ist es stets zu empfehlen, nach Tab. XIII zu arbeiten, da, je nach der Natur der vorhandenen Basen, bei Anwendung der vorhergehenden Methoden vielerlei Complicationen entstehen können.

Es ist daher zweckmässig, den $(NH_4)_2S$-Niederschlag vor weiterer Verarbeitung auf Chrom, Phosphate und Oxalate zu prüfen, um je nach Anwesenheit oder Abwesenheit dieser Körper Methode 1, 2, 3 der Tab. XII oder Tab. XIII zu benutzen. [Ueber die Art dieser Prüfung s. folgende Tabelle.]

Vorprüfungen.

1) **Prüfung auf Chrom.** Das concentrirte Filtrat vom H_2S-Niederschlag oder die mit H_2S behandelte ursprüngliche Flüssigkeit sieht bei Anwesenheit von Chrom grün oder violett aus. Eine geröstete Probe des $(NH_4)_2S$-Niederschlages liefert eine grüne Phosphorsalzperle und, mit Salpeter und Soda geschmolzen, eine gelbe Schmelze von CrO_4K_2. Die filtrirte und mit Essigsäure neutralisirte Lösung derselben giebt mit Silbernitrat rothbraunes CrO_4Ag_2.

2) **Prüfung auf Phosphorsäure.** Eine Probe des $(NH_4)_2S$-Niederschlages wird mit verd. NO_3H erwärmt und zu der warmen (nicht heissen) filtrirten Lösung Ammoniummolybdat gefügt. Bei Gegenwart von Phosphorsäure fällt, oft erst nach einiger Zeit, gelbes phosphormolybdänsaures Ammoniak aus $[PO_4(NH_4)_3 10MoO_3]$.

3) **Prüfung auf Oxalsäure.** Eine Probe des Niederschlages wird mit einer concentrirten Lösung von Natriumcarbonat gekocht, die heiss filtrirte Lösung mit Essigsäure angesäuert und mit $CaCl_2$ versetzt. Weisser Niederschlag: Oxalsaurer Kalk, C_2O_4Ca.

Verarbeitung des bei Gegenwart von Salmiak durch Ammoniak und Schwefelammonium erhaltenen Niederschlages[1]).

In allen Fällen wird der **ausgewaschene Schwefelammonium-Niederschlag**, der sich nicht an der Luft oxydirt haben darf, mit kalter verdünnter Salzsäure (1 Vol. HCl von 1,12 spec. Gew. und mindestens 5 Vol. Wasser) behandelt.

Der ***schwarze Rückstand*** kann Schwefelnickel und Schwefelkobalt enthalten.	*Die **salzsaure Lösung** kann enthalten:*
(siehe unten)	$AlCl_3$, $CrCl_3$, $FeCl_2$, $ZnCl_2$, $MnCl_2$ *und* *Phosphate resp. Oxalate von* Mg, Ba, Sr, Ca. ***Sie wird nach** Tabelle XII oder Tabelle XIII **verarbeitet**, nachdem durch Kochen mit etwas Kaliumchlorat oder mit Salpetersäure der Schwefelwasserstoff zerstört und das **Eisenchlorür in Eisenchlorid** übergeführt worden ist.*

Trennung von Nickel und Kobalt.

Methode 1. NiS und CoS wird in NO_3H gelöst; die Lösung fast zur Trockene verdampft; der Rückstand mit wenig Wasser aufgenommen und diese Lösung mit concentrirter Essigsäure und concentrirter Kaliumnitritlösung versetzt und einige Stunden stehen gelassen.

Niederschlag	Lösung
gelb, pulverig: salpetrigsaures Kobaltoxyd-Kali. $[Co(NO_3)_2 + 2KNO_2 = Co(NO_2)_2 + 2KNO_3$ $Co(NO_2)_2 + 2HNO_2 = Co(NO_2)_3 + NO + H_2O$ $Co(NO_2)_3 + 3KNO_2 = \mathbf{CoK_3(NO_2)_6}$, gelber Niederschlag.]	$[Ni(NO_2)_2 + 4NO_2K]$. Mit $NaOH$ versetzt: *apfelgrüner* Niederschlag, $\mathbf{Ni}(OH)_2$ [1]).

Methode 2. CoS und NiS wird in Königswasser gelöst, die Lösung eingedampft, mit Wasser, dann mit Cyankalium versetzt, bis der anfangs entstehende Niederschlag von $Ni(CN)_2$ und $Co(CN)_2$ sich wieder gelöst hat unter Bildung von $Ni(CN)_2 + 2KCN$ und $Co(CN)_2 + 4KCN$. Dann kocht man die Flüssigkeit unter Zusatz weniger Tropfen Salzsäure. Durch den O der Luft (oder des H_2O unter H-Entwicklung) wird dabei das Co-Salz in Kobaltidcyankalium $[Co(CN)_3 3KCN]$ übergeführt:

$$2[Co(CN)_2 + 4KCN] + O + H_2O = 2[Co(CN)_3 + 3KCN] + 2KOH,$$

während das Nickelsalz unverändert bleibt. Nach Zusatz von überschüssiger Natronlauge und Bromwasser (oder $NaClO$) wird beim Erwärmen das Nickelsalz unter Abscheidung von *schwarzem* $\mathbf{Ni_2O_3}$ gefällt; die Lösung wird nach dem Filtriren mit nicht zu verdünnter NO_3H zur Zerstörung der Cyanverbindungen eingedampft und das Kobalt durch $NaOH$ als $\mathbf{Co}(OH)_2$ gefällt.

1) Bei Gegenwart von *Ni* ist das Filtrat des Schwefelammoniumniederschlages durch gelöstes *NiS* braun. Das gelöste *NiS* scheidet sich beim Eindampfen der Lösung mit essigsaurem Ammoniak ab und kann dann durch Filtration entfernt werden.

Tabelle XII.

Methoden, welche zur Trennung der Elemente *Al, Cr, Fe, Zn, Mn* dienen, bei Abwesenheit von Phosphaten und Oxalaten.

Methode 1. [Beruhend auf dem säureähnlichen Verhalten von Thonerde und Zinkoxydhydrat gegen Alkalien, in welchen beide sich lösen, z. B. $Zn(OH)_2 + 2NaOH = Zn(ONa)_2 + 2HOH$.] Zur kalten oxydirten Lösung, welche nur $FeCl_3$, $AlCl_3$, $ZnCl_2$ und $MnCl_2$ *) enthalten kann, setzt man **Natron** in nicht zu grossem Ueberschuss, verdünnt nach kurzem Digeriren etwas mit Wasser und filtrirt:

Niederschlag enthält $Fe(OH)_3$ und $Mn(OH)_2$. Man löst den N. in (möglichst wenig) HCl, neutralisirt vorsichtig mit $NaOH$, setzt Natriumacetat zur Lösung und kocht, bis die überstehende Flüssigkeit farblos erscheint. [Das Eisen-, nicht aber das Manganacetat, zersetzt sich beim Kochen unter Bildung eines basischen unlöslichen Salzes:

$$Fe(C_2H_3O_2)_3 + H_2O = FeO(C_2H_3O_2) + 2C_2H_4O_2.]$$

- *Niederschlag* braunroth: $FeO(C_2H_3O_2)$. Bestätigung durch Prüfung seiner Lösung in HCl mit K_4FeCy_6 (Blutlaugensalz), sowie Prüfung der ursprünglichen Flüssigkeit darauf, in welcher Oxydationsstufe das *Fe* vorhanden ist.
- *Lösung* farblos, $+(NH_4)_2S$: N. fleischfarben: ***MnS***. Bestätigung durch Schmelzen mit Soda und Salpeter auf dem Platinblech (es bildet sich grünes MnO_4Na_2, wenn *Mn* zugegen).

Lösung enthält $Zn(ONa)_2$ und $Al(ONa)_3$.

1) Ein Theil wird mit H_2S versetzt: N. weiss: ***ZnS***.
2) Ein anderer Theil wird mit HCl bis zur sauren Reaction, dann mit NH_4OH bis zur alkalischen Reaction versetzt: N. weiss, flockig: Thonerde $Al(OH)_3$.

*) Anmerkung. Wird diese Methode bei Gegenwart von *Cr* in Anwendung gebracht, so ist zu bemerken, dass $Cr(OH)_3$ sich in kalter *NaOH* löst, aber beim Kochen der Lösung wieder ausfällt. Beim Einhalten der vorgeschriebenen Bedingungen würde also *Cr* bei *Al* bleiben und könnte durch Aufkochen der Lösung nach dem Filtriren von diesem getrennt werden. Ist aber gleichzeitig mit *Cr* Zink zugegen, so löst sich weder *Cr* noch *Zn* vollständig in *NaOH*, weil sich unter diesen Umständen die unlösliche Verbindung Cr_2O_3, ZnO bildet. $Cr(OH)_3$ und $Fe(OH)_3$ folgen sich beide, je nach ihren relativen Mengen, ähnlich *Fe* und *Zn*.

Methode 2. [Darauf beruhend, dass die in Lösung befindlichen Metalle beim Kochen mit essigs. Natrium als basische Acetate ausfallen, sofern ihre Chloride die Formel MCl_3 haben, während die in Lösung bleiben, deren Chloriden die Formel MCl_2 zukommt.]

Man versetzt die oxydirte Lösung des $(NH_4)_2S$-Niederschlages mit $NaOH$, bis ein wenig eines bleibenden Niederschlages entsteht, löst diesen in Essigsäure und kocht mit viel **Natriumacetat.** Die überstehende Flüssigkeit muss nach dem Kochen farblos sein.

Niederschlag wird in HCl gelöst, man giebt $NaOH$ im Ueberschuss zu, kocht, verdünnt etwas mit Wasser und filtrirt.

- *Niederschlag* [2]) braunroth: $Fe(OH)_3$. Prüfen wie bei Meth. 1.
- *Lösung* ist auf ***Al*** zu prüfen, wie bei Meth. 1.

Lösung [1]) (farblos) kann enthalten: Mangan- und Zinkacetat. Man leitet H_2S ein.

- *Niederschlag* weiss: ***ZnS***.
- *Filtrat* $+(NH_4)_2S$: fleischfarbener N.: ***MnS***. Prüfung wie bei Meth. 1.

1) Sind Nickel und Kobalt in Lösung gegangen, so finden sie sich bei *Mn* und *Zn*, und die vier Metalle werden dann nach Meth. 3 Anmerk. 1 getrennt.
2) Wenn $Cr(OH)_3$ anwesend, so findet es sich hier und wird von $Fe(OH)_3$ getrennt wie in Meth. 3, indem man den getrockneten N. mit Soda und Salpeter schmilzt.

Methode 3. [Beruhend darauf, dass $BaCO_3$ die Salze der Formel $M'''Cl_3$, nicht die der Formel $M''Cl_2$ fällt.]

Die oxydirte Lösung des Schwefelammonium-Niederschlages wird mit wenig Natriumcarbonat neutralisirt und in der Kälte mit in Wasser aufgeschlemmtem **Baryumcarbonat** im Ueberschuss versetzt, sodann häufig geschüttelt, bis die über dem Niederschlag stehende Flüssigkeit farblos erscheint, und filtrirt.

Niederschlag kann enthalten (neben $BaCO_3$): $Al(OH)_3$, $Cr(OH)_3$, $Fe(OH)_3$. Nach dem Auswaschen kocht man denselben mit $NaOH$ und filtrirt:

Rückstand kann enthalten (neben $BaCO_3$): $Cr(OH)_3$, $Fe(OH)_3$ †. Man trocknet ihn und schmilzt mit Soda und Salpeter, zieht die Schmelze mit Wasser aus und filtrirt.

Rückstand wird in HCl gelöst und auf Eisen nach Meth. 1 geprüft.

Lösung enthält K_2CrO_4. Man säuert mit Essigsäure an und setzt Bleiacetat zu. N. gelb: $PbCrO_4$.

Lösung kann enthalten $Al(ONa)_3$. Man säuert mit HCl an und übersättigt mit NH_4OH. Weisser flockiger N.: $Al(OH)_3$.

Filtrat kann enthalten[1]) (neben $BaCl_2$): $MnCl_2$, $ZnCl_2$. Man fällt aus der kochenden Lösung mit verd. SO_4H_2 den Baryt aus, setzt zum Filtrat davon $NaOH$ im Ueberschuss zu und filtrirt wieder.

Niederschlag: $Mn(OH)_2$. Bestätigung durch Schmelzen mit Soda und Salpeter auf dem Platinblech. Vergl. Meth. 1.

Lösung. Durch H_2S entsteht ein weisser Niederschl.: ZnS.

† Trennung von Eisen und Uran.

Falls man die Anwesenheit von Uran vermuthet, wird der durch $BaCO_3$ erhaltene Niederschlag (nach dem Auswaschen) mit einer concentrirten Lösung von Ammoniumcarbonat in mässiger Wärme digerirt, etwas mit H_2O verdünnt und filtrirt.

Rückstand enthält das *Fe*.

Lösung giebt nach dem Ansäuren mit HCl bei Urangegenwart mit K_4FeCy_6 einen braunen N.

1) Sollte man vermuthen, dass noch *Kobalt-* oder *Nickelchlorür* im Filtrat sind (in welchem Falle durch $NaOH$ ein blauer oder grüner Niederschlag entstehen wird), so fällt man dasselbe mit $(NH_4)_2S$, filtrit und behandelt den Filterrückstand nach dem Auswaschen zunächst mit Essigsäure, die das MnS löst, dann mit verd. HCl, die das ZnS löst; CoS und NiS bleiben zurück und werden nach Tab. XI. getrennt.

Tabelle XIII.

Methoden, welche zur Trennung der Elemente *Al, Cr, Fe, Zn, Mn* dienen, bei Anwesenheit von Phosphaten und Oxalaten.

Ist durch die Vorprüfung **Oxalsäure** im Schwefelammonium-Niederschlag nachgewiesen worden, so entfernt man dieselbe zunächst, indem man die salzsaure Lösung des Niederschlages zur Trockene verdampft und den Rückstand zum gelinden Glühen erhitzt, wodurch die Oxalate in Carbonate übergehen.

Ist **gleichzeitig Phosphorsäure nicht** zugegen, so löst man alsdann in Salzsäure, fällt durch NH_4OH, NH_4Cl und $(NH_4)_2S$ die Metalle der Schwefelammoniumgruppe aus, die nach Tab. XII getrennt werden, und bestimmt im Filtrat die vorher an Oxalsäure gebundenen alkalischen Erden wie gewöhnlich.

Hat die Vorprüfung dagegen **Phosphorsäure** ergeben, so verfährt man mit der salzsauren Lösung des $(NH_4)_2S$-Niederschlages direct — ist ausserdem noch **Oxalsäure** zugegen, mit dem Glührückstand — nach einer der folgenden Methoden.

Methode 1. ⟨Beruhend darauf, dass aus sauren phosphorsäure-haltigen Lösungen diese Säure durch Zinn bei Oxydation mit HNO_3 in Form von unlöslichem Zinnphosphat, $Sn_3(PO_4)_4$, abgeschieden wird [$Sn+4NO_3H=Sn(OH)_4+4NO_2$; $3Sn(OH)_4+4PO_4H_3=(PO_4)_4Sn_3+12H_2O$]. Da durch HCl Zinn mit in Lösung gehen würde, muss man mit salzsäurefreien Lösungen arbeiten.⟩

Die salzsaure Lösung des $(NH_4)_2S$-Niederschlages wird zweimal mit NO_3H eingedampft, resp. der Oxalsäure-Glührückstand wird in **conc. Salpetersäure** gelöst, in die Lösung sodann auf dem Wasserbad allmälig **Zinn** (Stanniol) im Ueberschuss eingetragen, nach halbstündigem Digeriren, eventuell nach Zusatz von etwas HNO_3, mit Wasser aufgenommen und filtrirt.

<table>
<tr><td rowspan="2">*Rückstand* besteht aus $(PO_4)_4Sn_3$ und SnO_2; in ihm können sich ausserdem geringe Mengen von **Eisen** und **Thonerde** finden. In letzterem Fall löst sich der Rückstand nicht völlig beim Digeriren mit $(NH_4)_2S$. Man behandelt alsdann diesen Rückstand nach Tab. XII.</td><td colspan="2">*Lösung* enthält die Nitrate von ***Fe, Mn, Zn, Al, Cr; Ba Sr, Ca, Mg.*** Man versetzt mit Salmiak, Ammoniak u. Schwefelammonium.</td></tr>
<tr><td>*Niederschlag:* ***FeS, MnS, ZnS***, $Al(OH)_3$ u. $Cr(OH)_3$, wird nach Tab. XII verarbeitet.</td><td>*Lösung* enthält die vorher an Phosphorsäure u. event. Oxalsäure gebundenen **Erden** und kann für sich oder vereinigt mit dem ursprünglichen Schwefelammoniumfiltrat untersucht werden.</td></tr>
</table>

Methode 2. [Beruhend darauf, dass die Phosphate von Baryum, Strontium, Calcium und Magnesium beim Kochen mit Eisen- und Aluminium-Acetat unter Bildung von unlöslichem Eisen- und Aluminium-Phosphat in lösliche Verbindungen übergeführt werden, während gleichzeitig die noch vorhandenen essigsauren Salze des Eisens und Aluminiums sich unter Bildung basischer Salze abscheiden.]

Die salzsaure oxydirte Lösung des Schwefelammonium-Niederschlages, resp. des Oxalsäure-Glührückstandes wird, nachdem ein Theil mit gelbem Blutlaugensalz **auf Eisen geprüft** worden ist, mit Natriumcarbonat neutralisirt und mit viel **Natriumacetat** und soviel **Eisenchlorid** versetzt, dass die Flüssigkeit rothbraun aussieht. Mann kocht sodann, bis die über dem braunrothen Niederschlag stehende Flüssigkeit farblos ist. (Sollte der N. nicht braunroth, sondern nur gelblich gefärbt sein, so muss unter Zusatz von mehr Eisenchlorid von neuem gekocht werden.)

Niederschlag enthält Phosphate, Hydroxyde und Acetate von ***Fe***, ***Al***, ***Cr*** [1]). Man zieht denselben mit kalter Natronlauge aus.

- *Rückstand* enthält das Eisen.
- *Filtrat* wird gekocht:
  - *Niederschlag* grün: $Cr(OH)_3$.
  - *Lösung* wird mit HCl und dann mit NH_4OH versetzt: N. weiss flockig: $Al(OH)_3$, resp. $AlPO_4$.

Lösung enthält:

Cr [1]), ***Zn***, ***Mn***, ferner ***Ba***, ***Sr***, ***Ca*** und ***Mg***.

Man setzt NH_4OH, NH_4Cl und $(NH_4)_2S$ zu:

- *Niederschlag* besteht aus $Cr(OH)_3$, ZnS, MnS. Er wird nach einer der Methoden in Tab. XII verarbeitet.
- *Lösung* enthält die vorher an Phosphorsäure und ev. Oxalsäure gebundenen **alkalischen Erden**, auf welche wie gewöhnlich geprüft wird.

1) Das Chrom wird der Hauptmenge nach durch essigsaures Natrium niedergeschlagen, findet sich jedoch eventuell auch in kleinerer Menge im Filtrat.

Niederschlag durch Ammoniumcarbonat bei Gegenwart von Salmiak.

Das Filtrat vom $(NH_4)_2S$-Niederschlag, welches ***Ba, Sr, Ca, Mg, K, Na*** und ***Li*** enthalten kann, wird zur Zerstörung des Schwefelammonium *mit Salzsäure schwach angesäuert* und gekocht, bis der ausgeschiedene Schwefel zusammengeballt und die Flüssigkeit klar geworden ist. Die filtrirte Lösung wird mit *Ammoniak* bis zur alkalischen Reaction und hierauf, unter Erwärmung, mit *kohlensaurem Ammoniak* versetzt. Der hierdurch entstandene Niederschlag, welcher CO_3Ba, CO_3Sr und CO_3Ca enthalten kann, wird in *möglichst wenig Salzsäure* aufgenommen, und diese Lösung wird zur Trockene verdampft. Den *Rückstand*, aus $BaCl_2$, $SrCl_2$ und $CaCl_2$ bestehend, verarbeitet man nach 1, 2, 3 oder 4, nachdem mit ihm folgende Vorprüfung ausgeführt worden ist:

Eine Probe desselben wird in Wasser gelöst, und ein Theil der Lösung mit *Strontiumsulfatlösung* versetzt: bei *Anwesenheit* von ***Ba*** entsteht sofort oder nach kurzer Zeit ein Niederschlag von $BaSO_4$; ist ***Ba*** nicht vorhanden, so versetzt man den anderen Theil der Lösung mit *Calciumsulfatsolution;* bei Gegenwart von ***Sr*** bildet sich nach einiger Zeit ein Niederschlag von $SrSO_4$. Bei Abwesenheit von ***Ba*** sind selbstverständlich nur die für ***Sr*** und ***Ca*** angegebenen Trennungen auszuführen.

Trennung von Baryum, Strontium, Calcium.

Methode 1. [Beruhend auf der Unlöslichkeit von $BaCl_2$ und $Sr(NO_3)_2$ und auf der Löslichkeit von $SrCl_2$, $CaCl_2$ und $Ca(NO_3)_2$ in absolutem Alkohol.]

Der Rückstand ($BaCl_2$, $SrCl_2$, $CaCl_2$) wird mit **absolutem Alkohol** einige Zeit erwärmt.

Rückstand: $BaCl_2$, färbt die Flamme *grün*. Man löst ihn in Wasser. Zu einem Theil der Lösung fügt man K_2CrO_4. Gelber Niederschlag: $BaCrO_4$. Zu einem anderen Theil *Strontiumsulfatlösung*. Weisser Niederschlag: $BaSO_4$.

Lösung, welche $CaCl_2$ und $SrCl_2$ enthalten kann, wird zur Trockene verdampft. Die Chloride werden durch zwei- bis dreimaliges Abdampfen mit conc. HNO_3 in die Nitrate verwandelt, und die trocknen Nitrate mit absol. Alkohol erwärmt.

Rückstand: $Sr(NO_3)_2$, färbt die Flamme intensiv *roth*. Die wässerige Lösung giebt mit Gypswasser nach einiger Zeit einen weissen Niederschlag von $SrSO_4$.

Lösung enthält $Ca(NO_3)_2$, färbt die Flamme *gelbroth*. Einen Theil versetzt man mit verdünnter SO_4H_2. Weisser Niederschlag: $CaSO_4$. Einen anderen Theil versetzt man mit Wasser und Ammoniumoxalat. Weisser Niederschlag: $CaC_2O_4 + aq$.

Methode 2. [Beruhend auf der Unlöslichkeit von kieselfluorwasserstoffsaurem *Baryum*.]

Der Rückstand ($BaCl_2$, $SrCl_2$, $CaCl_2$) wird in *wenig* Wasser gelöst und diese Lösung mit **Kieselflusssäure,** $SiFl_4 . 2HFl$, und ca. 1/3 Vol. Alkohol versetzt. Nach einiger Zeit filtrirt man.

Niederschlag: $SiFl_4 BaFl_2$, weiss, krystallinisch.	*Lösung*, ***Ca*** und ***Sr*** enthaltend, wird eingeengt, mit einem grossen Ueberschuss von Ammoniumsulfat versetzt und unter Zusatz von etwas Ammoniak einige Zeit gekocht.	
	Niederschlag: $SrSO_4$.	*Lösung* wird stark mit H_2O verdünnt und mit Ammoniumoxalat versetzt. Niederschlag: $C_2O_4Ca + aq$, in Essigsäure unlöslich.

Methode 3. [Princip derselben: Durch Kochen mit concentrirten Lösungen von Alkalicarbonaten werden SO_4Ca und SO_4Sr in die entsprechenden kohlensauren Salze verwandelt, während $BaSO_4$, vorzüglich bei Anwesenheit von Alkalisulfaten, nicht verändert wird.]

Der Rückstand ($BaCl_2$, $SrCl_2$ und $CaCl_2$) wird in wenig Wasser gelöst, **Natriumsulfatlösung** (1 Th.) in einigem Ueberschuss und dann eine concentrirte Lösung von **Natriumcarbonat** (2 Th.) zugefügt. Man kocht einige Zeit, filtrirt, wäscht den Rückstand, der aus $BaSO_4$, $SrCO_3$, $CaCO_3$ bestehen kann, mit heissem Wasser aus und behandelt ihn dann mit verdünnter Salzsäure.

Rückstand: $BaSO_4$.	*Lösung* kann enthalten: $SrCl_2$ und $CaCl_2$ und wird nach 1 oder 2 behandelt.

Methode 4. [Beruhend auf der Schwerlöslichkeit des *chromsauren Baryums*.]

Die Carbonate von *Ba*, *Sr*, *Ca* werden in Essigsäure gelöst und zu der Lösung Kaliumbichromat hinzugefügt.

Niederschlag: CrO_4Ba.	*Lösung:* ***Ca*** und ***Sr*** enthaltend, wird mit Ammoniumcarbonat gefällt, der ausgewaschene N. mit *HCl* aufgenommen und die Chloride von *Ca* und *Sr* trennt man wie oben.

Filtrat des Ammoniumcarbonat-Niederschlages.

Man prüft die ammoniakalische Flüssigkeit auf Magnesiumsalze, indem man zu einem *kleinen Theil* derselben NH_4Cl und PO_4Na_2H giebt. Es entsteht sofort oder nach einiger Zeit ein weisser, deutlich krystallinischer Niederschlag: $PO_4\mathbf{Mg}(NH_4)+6H_2O$. Man verarbeitet in diesem Falle die *Gesammtflüssigkeit* nach der Methode „Trennung des Magnesium von den Alkalien". Bei Abwesenheit von Magnesium verfährt man *direct* nach der weiter unten folgenden Anleitung zum „Nachweis der Alkalien Kalium, Natrium, Lithium".

Trennung des Magnesium von den Alkalien.

Methode 1. Man fällt aus der ***Mg***-haltigen Flüssigkeit ***Mg*** mit *Ammoniumphosphat* aus, entfernt aus dem Filtrat die Phosphorsäure durch Zusatz von essigsaurem Blei, filtrirt ab, fällt überschüssig zugesetzte *Pb*-Lösung durch SH_2 und prüft dann die nochmals filtrirte Flüssigkeit auf Alkalien, wie unten folgt.

Methode 2. [Durch Baryumhydroxyd, $Ba(OH)_2$, wird das Magnesium aus seinen Salzlösungen als $\mathbf{Mg}(OH)_2$ gefällt.]

Das Filtrat des Ammoniumcarbonat-Niederschlages verdampft man zur Trockene, erhitzt den Rückstand, bis die Ammoniaksalze vollständig verjagt sind — selbstverständlich kann auf Ammoniak, welches so vielfach der zu analysirenden Flüssigkeit zugesetzt wurde, in diesem Stadium der Analyse nicht mehr geprüft werden —, und nimmt mit wenig Wasser auf. Dann versetzt man mit **Barytwasser** bis zur alkalischen Reaction, kocht und filtrirt von dem ausgeschiedenen $\mathbf{Mg}(OH)_2$ ab. Der Ueberschuss des $Ba(OH)_2$ wird mit dem gelösten Barytsalz durch $(NH_4)_2CO_3$ und NH_4OH *in der Wärme* ausgefällt und die filtrirte Lösung auf Alkalien geprüft, wie unten angegeben.

Nachweis von Kalium, Natrium, Lithium.

Man verdampft die klare Flüssigkeit zur Trockene und glüht den Rückstand im Porzellan-Tiegel, bis alle Ammoniaksalze verflüchtigt sind. (Man vergl. die Bemerkung zur Prüfung auf Ammoniak in der Uebersichtstabelle für die Gruppenreagentien Tab. VI.) Den Rückstand prüft man auf trockenem Wege durch die Flammenreactionen, indem man eine kleine, mit Salzsäure befeuchtete Probe desselben am Platindraht in die nicht leuchtende Bunsen'sche Flamme bringt. Natrium ertheilt dieser eine intensiv *gelbe* Farbe, welche durch die Anwesenheit anderer Alkalien niemals verdeckt wird, selbst aber die rothe Farbe von Kaliumbichromat und HgJ_2 durch ihr Licht verschwinden macht. Kalium färbt die Flamme *violet*, Lithium *carminroth*; sind Kalium und Lithium gleichzeitig oder mit Natrium zugegen, so können erstere nur mit Hülfe eines blauen Glases oder besser noch des Indigoprismas erkannt werden. Dieses absorbirt das gelbe Natrium-Licht vollständig, lässt die carminrothen Strahlen des Lithium nur in dünner Schicht, die violeten Lichtstrahlen des Kalium aber auch in dickerer Schicht durch. Viel sicherer kann die gleichzeitige Anwesenheit der Alkalien durch das Spectroscop erkannt werden.

Nachdem diese Prüfung vorausgegangen ist, übergiesst man den die Alkalien enthaltenden Rückstand mit **absolutem Alkohol** und filtrirt nach kurzer Zeit.

Rückstand kann enthalten: die Salze des *Kalium* und *Natrium*.

Man löst in wenig Wasser und prüft einen Theil der Flüssigkeit nach (a), den anderen nach (b).

(a) Zur einen Hälfte der nochmals getheilten Flüssigkeit fügt man eine concentrirte Lösung von saurem weinsauren Ammoniak. Sogleich oder nach kurzem Stehen der Flüssigkeit scheidet sich ein weisser *krystallinischer* Niederschlag aus: Saures weinsaures Kalium, $C_4H_4O_4(OH)(OK)$.

Zur anderen Hälfte der Flüssigkeit giebt man etwas Platinchlorid. Gelber, schwerer Niederschlag: $PtCl_4 . 2KCl$ (Flammenfärbung violet).

(b) Man versetzt die Flüssigkeit mit frisch gelöstem sauren pyroantimonsauren Kalium. Weisser *krystallinischer* Niederschlag: $Sb_2O_7Na_2H_2 + 6H_2O$. (Färbt die Flamme intensiv gelb.)

Lösung kann enthalten: *Lithium*.

Nach Abdampfen des Alkohols nimmt man den Rückstand mit *wenig* Wasser auf und kocht mit einer concentrirten Lösung von PO_4Na_2H, der man das gleiche Volum Ammoniak zufügt.

Weisser, krystallinischer Niederschlag: $PO_4Li_3 + \frac{1}{2} H_2O$.

$$3LiCl + PO_4Na_2H + NH_4OH =$$
$$PO_4Li_3 + 2NaCl + NH_4Cl + H_2O.$$

(Niederschlag färbt die Flamme carminroth.)

Auffindung der Säuren.

Die nach der folgenden Tabelle anzustellenden Prüfungen *sind mit möglichst* **neutralen** *wässrigen Lösungen d. Substanzen vorzunehmen*, welche auf Säuren untersucht werden sollen. Die Fälle, in welchen der Zusatz einer Säure zur Erhaltung einer characteristischen Reaction erfordert wird, sind in der Tabelle angedeutet. Liegt zur Untersuchung von vornherein eine saure oder alkalische Lösung vor, so ist dieselbe zu neutralisiren.

Saure Lösungen werden am besten durch vorsichtiges, tropfenweises Hinzufügen von NH_4OH abgestumpft. Sind in der Flüssigkeit schwere Metalloxyde od. Erden enthalten, so ist es meist nöthig, diese vorher d. die passenden Reagentien zu entfernen; auch ist darauf zu achten, dass dabei u. beim Neutralisiren Metallsäuren u. an Erden gebundene Säuren (z. B. Phosphorsäure) ausfallen können, auf deren Vorhandensein man aber bei der *der Prüfung auf Säuren stets vorangehenden Prüfung auf Basen* bereits aufmerksam geworden sein muss.

Alkalische Lösungen werden d. Säuren neutralisirt. Auf diejenigen Säuren, welche z. Neutralisiren verwandt wurden, kann selbstverständlich in der betreffenden Lös. nachher nicht geprüft werden. Beim Neutralisiren alkalischer Lös. mit HCl oder NO_3H können folgende Säuren und Säurebildner gefällt werden:

Kieselsäure (gallertartig, aus verd. Lös. erst b. Eindampfen);
Borsäure (nur aus conc. Lös.); ***Antimonsäure*** (lösl. in Weinsäure);
Schwefel (gelb od. weiss, deutet die Gegenw. einer Thionsäure od. eines mehrfach *S*-Metall an); ***Jod.***

Der vorher gelieferte Nachweis bestimmter Basen in Lösung schliesst natürlich das gleichzeitige Vorhandensein gewisser Säuren aus (z. B. die Anwesenheit von Baryum in saurer od. neutraler Lös. die Schwefelsäure u. s. w.) — In den *gewöhnl. Lösungsmitteln unlösliche Substanzen* werden z. Zweck der Untersuchung auf Säuren fein gepulvert, d. Schmelzen mit kohlens. Kali-Natron aufgeschlossen u. der wässr. Auszug der Schmelze, welcher die zu suchenden Säuren enthält, nach d. Neutralisiren m. HCl, NO_3H od. Essigs., auf Säuren geprüft. — Die Gegenw. bestimmter Säuren u. namentlich d. gleichzeitige Anwesenh. mehrerer Säuren lässt sich nur d. genaue Prüfung der Substanz auf ihr Verhalten *gegen sämmtliche in nachstehender Tabelle angeführten Reagentien*, Combination der beobachteten Erscheinungen u. Berücksichtigung der unter der letzten Columne verzeichneten besonderen Merkmale, ***sowie vor allen Dingen der oben (Tab. IV) gegebenen Gas-Tabelle*** erschliessen.

Vor der Anwendung der nachstehenden Tabelle unterwirft man ***ein für allemal*** die gelöste Substanz folgenden Reactionen, um von vornherein Aufschluss üb. d. An- od. Abwesenheit d. gewöhnlichsten Säuren zu erhalten:

1) Ein Theil der mit HCl od. NO_3H anges. Lös. wird mit $\boldsymbol{BaCl_2}$ [bei Gegenw. v. *Ag*-, *Pb*-, od. *Hg*-Oxydul-Verbind. m. $\boldsymbol{Ba}(NO_3)_2$] versetzt. Das Entstehen eines pulvrigen auch in viel Wasser so gut wie unlösl. Niederschl. zeigt ***Schwefelsäure*** an od. ***Kieselfluorwasserstoffsäure.***

2) Zu einem anderen Theil der m. NH_4Cl versetzten, mit NH_4OH *alkalisch gemachten* Flüssigkeit fügt man $\boldsymbol{Mg}SO_4$ oder $\boldsymbol{Mg}Cl_2$. Entsteht sogleich od. n. einiger Zeit ein *krystallin.* N., so ist damit d. Gegenw. v. ***Phosphorsäure*** od. ***Arsensäure*** od. auch ***Weinsäure*** (bei Anwesenh. dieser entsteht der b. Glühen verkohlende Niederschlag nur langsam und auch nur aus sehr concentrirten Lösungen) angedeutet.

3) Ein Theil der salpetersauren Lösung wird mit $NO_3\boldsymbol{Ag}$ versetzt. Ein weisser Niederschlag deutet auf ***Chlorwasserstoffsäure.***

4) In einem Reagensrohr wird auf etwa 1 Ccm. conc. SO_4H_2 eine Lös. v. Ferrosulfat geschichtet u. dazu d. Lös. der Substanz gegossen (aus der d. SO_4H_2 fällbare Basen vorher durch verd. SO_4H_2 entfernt sein müssen). Entsteht an der Berührungsstelle der SO_4H_2 mit dem $FeSO_4$ ein *brauner Ring*, so deutet das auf Anwesenheit von ***Salpetersäure.***

Auf etwaige Anwesenh. der Säuren des ***As, Cr*** u. ***Mn*** (eventuell auch die der *Phosphorsäure* u. *Oxalsäure*, cf. Tab. XI) wird man schon bei der Analyse auf *Basen* hingewiesen. Diejenigen Säuren, deren Gegenw. bereits *durch den Gebrauch der Tab. IV* angezeigt wurde, sind in der folgenden Tabelle mit einem * bezeichnet.

Verhalten der wichtigeren Säuren.

Säuren.	gegen Calciumchlorid.	gegen Ferrichlorid.	gegen Silbernitrat.	gegen Bleiacetat.	Besondere Merkmale.
Chlorwasserstoffs. (*HCl*)*	—	—	*weiss*, leicht löslich in NH_4OH u. in CNK. } unlöslich in NO_3H.	*weiss*, } in heissem Wasser löslich.	Die trocknen Salze m. $Cr_2O_7K_2+SO_4H_2$ erwärmt geben rothe Dämpfe (CrO_2Cl_2). [Freies *Cl* giebt die Reactionen der *HCl*, hat aber die Fähigkeit Indigo zu entfärben und *J* aus *JK* frei zu machen.]
Bromwasserstoffs. (*HBr*)*	—	—	*gelblich*, lösl. in NH_4OH. } unlöslich in NO_3H.	*weiss*, } in heissem Wasser löslich.	Durch *Cl* wird in CS_2 m. rother Farbe lösl. *Br* in Freiheit ges. Conc. SO_4H_2 macht a. Brommetallen (neben *BrH*) *Br* frei.
Jodwasserstoffs. (*HJ*)*	—	—	*gelb*, schwer löslich in NH_4OH. } unlöslich in NO_3H.	*gelb*, } in heissem Wasser löslich.	Durch *Cl* od. rauch. NO_3H wird in CS_2 m. violeter Farbe lösl. *J* in Freiheit gesetzt. Freies *J* färbt Stärke blau.
Cyanwasserstoffs. (*HCN*)*	—	—	*weiss*, lösl. in NH_4OH und in *CNK*, schwer lösl. in NO_3H, giebt beim Glühen metallisches *Ag*.	*weiss*, unl. in H_2O, lösl. in NO_3H, unl. in *CNK*.	Die mit Eisenoxyd-Oxydulsalz u. *KOH* versetzte u. gekochte Lös. zeigt n. Zus. von *HCl* blauen N. — Die mit gelbem Schwefelammonium eingedampfte Lös. reagirt auf *CNSH*.
Rhodanwasserstoffs. (*CNSH*)	—	*blutrothe* Färb. durch $HgCl_2$ verschwindend.	*weiss*, schwer lösl. in NH_4OH.	*weiss*.	Fällt Mercurosalze *weiss*.
Cyansäure (*CNOH*)*	—	—	*weiss*, in H_2O schwer, i. NO_3H u. NH_4OH l. lösl.	*weiss*.	Leicht zersetzlich, giebt mit Wasser CO_2 u. NH_3.
Fluorwasserstoffs. (*HFl*)*	*weiss*, gelatinös, unlösl. in Essigs.	—	—	*weiss*.	Aetzt Glas. — Ein mit H_2O benetzter Glasstab beschlägt sich in *FlH*-Atmosphäre mit SiO_3H_2.
Salpetersäure (NO_3H)*	—	—	—	—	Die freie Säure färbt Indigo b. Erw. gelb. — Die Salze verpuffen v. d. Löthrohr auf Kohle. — Bei d. Red. mit $Zn+SO_4H_2$ entsteht NO_2H.
Salpetrige Säure (NO_2H)*	—	—	*gelb*, lösl. in heissem H_2O.	*gelbe* Färbung.	Macht aus *JK*-Lös. Jod frei. — Wirkt reducirend.
Unterchlorige Säure (*ClOH*)*	—	—	*weiss*, (*AgCl*).	*weiss*, beim Kochen braun (Bild. v. PbO_2).	Die Salze bleichen Indigo direct. — Wirkt oxydirend.
Chlorsäure (ClO_3H)*	—	—	—	—	Indigo wird erst n. d. Ansäuren mit *HCl* gebleicht. — Die Salze entwickeln b. Glühen *O* u. verknattern b. Uebergiessen mit conc. SO_4H_2.
Jodsäure (JO_3H)	—	—	*weiss*, lösl. in NH_4OH, wird durch SO_2 in *AgJ* verwandelt.	*weiss*, in H_2O fast unlöslich.	In der mit *JK* versetzten, mit Essigsäure angesäuerten Lös. wird Jod frei.
Schwefelwasserstoffs. (SH_2)*	—	scheidet in saurer Lös. *S* ab, giebt in alkali-	*schwarz*, lösl. i. NO_3H.	*schwarz*, lösl. in warmer NO_3H	Schwärzt Bleipapier. — Die lösl. *Salze* färben Nitroprussidnatrium-

(SO_4H_2)	*weiss*, lösl. in HCl.			in weins. Ammoniak.	Gebe[n] ... schlag mit Barytsalzen.
Dithionige Säure ($S_2O_3H_2$)	—	*braunrothe* Färb., die allmälig (b. Erwärmen sof.) unter S-Abscheid. verschw.	*weiss*, sich schnell schwärzend, besonders b. Erwärmen.	*weiss*, durch Kochen schwarz, wenn keine $S_2O_3H_2$ in gr. Ueberschuss vorhanden ist.	Scheidet mit HCl versetzt Schwefel aus.
Chromsäure (CrO_4H_2)	—	—	*rothbraun*, löslich in NO_3H.	*gelb*, lösl. in KOH, unlösl. in verd. NO_3H.	Lösungen werden durch Reductionsmittel grün.
Kieselfluorwasserstoffs. ($SiFl_6H_2$)	—	—	—	*weiss*.	Giebt schwer löslichen Niederschlag mit Barytsalzen.
Phosphorige Säure (PO_3H_3)	*weiss*, löslich in NH_4Cl.	—	bei Zus. v. NH_4OH schwarzes metallisch. Ag.	*weiss*.	Reducirt b. Erw. $HgCl_2$ zu $HgCl$. — Die z. Syrupdicke eingedampfte Lös. der freien Säure entwickelt b. Erhitzen PH_3.
Phosphorsäure (PO_4H_3)	*weiss*, } löslich in Essigsäure.	*gelblich*, } lösl. in HCl u. in $FeCl_3$, unl. in Essigsäure.	*gelb*, } leicht löslich in NO_3H und in NH_4OH.	*weiss*, lösl. in KOH.	Die m. NO_3H angesäuerte Lös. giebt b. Erw. m. Ammoniummolybdat gelben N.
Arsenige Säure (AsO_3H_3)	*weiss*,	*gelblich*,	*hellgelb*,	*weiss*, in NO_3H u. Essigsäure löslich.	} Geben m. SH_2: As_2S_3 (gelb). — Im Marsh'schen Apparat nachzuweisen.
Arsensäure (AsO_4H_3)	*weiss*,	*gelblich*,	*rothbraun*,	*weiss*, lösl. in NO_3H, unlösl. in Essigs.	Verhält sich geg. Ammoniummolybdat wie PO_4H_3.
Metaphosphors. (PO_3H)	*weiss*, voluminös.	*weiss*.	*weiss*,	*weiss*, voluminös.	Fällt Eiweiss; in Salzen nach Zusatz von Essigsäure.
Pyrophosphors. ($P_2O_7H_4$)	*weiss*, i. viel übersch. Pyrophos.-Salz lösl.	*weiss*, in Pyroph.-Salz leicht löslich.	*weiss*,	*weiss*, gelatinös, im übersch. Salz l. lösl.	Geht b. Kochen mit NO_3H in PO_4H_3 über. — Coagulirt Eiweiss nicht.
Borsäure (BoO_3H_3)	*weiss*, löslich.	*gelblich* (nur in neutralen Lösungen).	*weiss*,	*weiss*, i. Ueberschuss des Bleisalzes lösl.	Bräunt Curcuma-Papier. Färbt die Flamme grün.
Kieselsäure (SiO_2)	*weiss*.	—	*gelb*, i. conc. Lösungen,	*weiss*, in NO_3H lösl.	Die Fäll. beziehen sich auf d. stets alkal. reag., lösl. Alkalisalze der Säure. Giebt m. Phosphorsalz v. d. Löthr. Kieselskelett.
Kohlensäure (CO_2)*	*weiss*, in HCl lösl. unter Brausen.	*braunroth*.	*grau*, leicht lösl. in NO_3H.	*weiss*, in NO_3H unter Brausen lösl.	Trübt Baryt- u. Kalkwasser. Die Salze brausen b. Uebergiessen m. Säuren auf.
Ferrocyanwasserstoffs. ($FeCy_6H_4$)	—	*blauer*, durch KOH zersetzlicher N.	*weiss*, unlöslich in NH_4OH.	*weiss*, lösl. in NO_3H.	} Die Salze schwärzen sich beim Erhitzen. Giebt mit SO_4Cu tiefrothe Färb. oder N.
Ferricyanwasserstoffs. ($FeCy_6H_3$)	—	*braune* Färbung.	*rothbraun*.	—	
Oxalsäure ($C_2O_4H_2$)*	*weiss*, unlösl. in Essigsäure.	*gelb*.	*weiss*, in viel NO_3H löslich.	*weiss*, in KOH u. in NO_3H lösl.	Giebt mit conc. SO_4H_2 erwärmt $CO + CO_2$.
Ameisensäure (CO_2H_2)*	—	} *rothbraune* (d. HCl-Zus. verschwindende) Färb., beim Kochen rothbrauner N.	*weiss*, sehr schnell schwarz v. metall. Ag.	—	} D. Salze schwärzen sich beim Glühen. Reducirt Ag- u. Hg-Salze. — Giebt m. conc. SO_4H_2 erwärmt CO.
Essigsäure ($C_2H_4O_2$)	—		—	—	Giebt b. Kochen m. Alkohol u. conc. SO_4H_2: Essigäther. D. Salze geben m. As_2O_3 erhitzt Kakodyl.
Weinsäure ($C_4H_6O_6$)	*weiss*, lösl. i. KOH, unlösl. in NH_4Cl.	(verhindert Fällung v. $FeCl_3$ durch KOH.)	—	*krystallin.*, in NO_3H u. in NH_4OH lösl.	Das saure K- u. NH_4-Salz ist schwer löslich u. krystallinisch.

Universitäts-Buchdruckerei von Carl Georgi in Bonn.

Universitäts-Buchdruckerei von Carl Georgi in Bonn.

FSC
www.fsc.org
MIX
Papier | Fördert
gute Waldnutzung
FSC® C083411

Zeitfracht Medien GmbH
Ferdinand-Jühlke-Straße 7
99095 Erfurt, Deutschland
produktsicherheit@kolibri360.de